城镇污水处理厂
提质增效研究与实践

Research and Practice for
Upgrading of Municipal Wastewater Treatment Plants

李军　[德] 马克斯·多曼（Max Dohmann）　吴淑云　主编

U0261480

化学工业出版社
·北京·

内 容 简 介

本书基于 2019 城镇污水处理厂提质增效国际研讨会（UMWWTP2019）的专家报告和征集论文，进行梳理总结成文。其主要内容包括中国城镇污水处理厂现状、专家论坛、专业文选、未来发展等，涉及国内外城镇污水处理厂提质增效的政策标准、前沿技术、资源利用、工程案例和未来水厂等。

本书可为从事城镇污水处理厂提质增效相关研究、运维、管理等工作的人员提供参考，还可作为相关专业本科生和研究生的参考书。

图书在版编目（CIP）数据

城镇污水处理厂提质增效研究与实践/李军，（德）马克斯·多曼（Max Dohmann），吴淑云主编 . —北京：化学工业出版社，2023.11

ISBN 978-7-122-44220-8

Ⅰ. ①城…　Ⅱ. ①李…②马…③吴…　Ⅲ. ①城市污水处理-污水处理厂-研究　Ⅳ. ①X505

中国国家版本馆 CIP 数据核字（2023）第 178004 号

责任编辑：徐　娟　　　　　　　　装帧设计：韩　飞
责任校对：王　静

出版发行：化学工业出版社（北京市东城区青年湖南街 13 号　邮政编码 100011）
印　　装：北京盛通商印快线网络科技有限公司
787mm×1092mm　1/16　印张 14½　彩插 1　字数 343 千字　2023 年 11 月北京第 1 版第 1 次印刷

购书咨询：010-64518888　　　　　售后服务：010-64518899
网　　址：http://www.cip.com.cn
凡购买本书，如有缺损质量问题，本社销售中心负责调换。

定　　价：98.00 元

前　言

2019年4月，住房和城乡建设部、生态环境部和国家发展和改革委员会发布了城镇污水处理提质增效三年行动方案（2019—2021年）。城镇污水处理提质增效要求坚持问题导向，以系统提升城市生活污水收集效能为重点，加快补齐城镇污水收集和处理设施短板，尽快实现污水管网全覆盖、全收集、全处理。

近年来，随着环境保护要求的不断提高，能源危机、土地紧张、邻避效应等问题的不断呈现，各国在城镇污水处理厂的规划、设计、建设、运行和管理等环节开展了各种新理念、新技术的持续研讨。在减污降碳、资源利用、物质循环、生态工程等方面进行了有益的探索和实践。城镇污水处理厂的高质量发展和效益提升是一个长期的研究和实践过程。

为提高城镇污水处理厂的技术水平，更好地提质增效，2019年12月1～2日在杭州市举办了"2019城镇污水处理厂提质增效国际研讨会"（UMWWTP2019）。会议汇聚了国际水环境领域的知名科学家和工程师，围绕城镇污水处理厂提质增效的政策标准、前沿技术、工程案例、特别是资源利用和未来污水厂等主题进行交流研讨，分享各国城镇污水处理厂提质增效的新理念、新技术和实践探索。

本书共分4章，第1章为中国城镇污水处理厂概况，第2章为专家论坛，第3章为专业文选，第4章为未来发展。其中第2章共有11个专家报告，专家分别来自德国、比利时、美国、加拿大、以色列、挪威和中国等国家，对城镇污水处理厂提标改造、再生水利用和生物风险、水质监测技术、污泥处置、污水处理新技术、厂网协同和智慧水务等方面进行交流。本书中的专家报告和专业文选均涉及城镇污水处理厂提质增效的研究和工程实践。经报告专家和论文作者同意，我们组织撰写本书，以飨更多读者。

本书由李军、马克斯·多曼、吴淑云主编，参加编写的还有梅荣武、谭映宇、恽云波、邹金特、刘文龙、何东芹、田亚军、郭燊、严安琪、冯洪波、程小宇、金林毅。在此，对报告专家和论文作者表示衷心的感谢！对参与会议组织、会务工作的人员表示诚挚的感谢！

由于作者能力有限，难免有不足之处，敬请读者批评指正！

编者

2023年9月

目 录

第 4 章　未来展望——SCIENCE 厂　　　　　　195

第1章

中国城镇污水处理厂概况

1.1 数量与规模

　　根据《2019年城乡建设统计年鉴》，截至2019年，我国城镇污水处理厂共4140座，总处理能力达到2.145亿立方米/天，其中城市污水处理厂共2471座，处理能力为17863万立方米/天，污水处理率达96.81%，排水管道长度为74.40万公里；县城污水处理厂共1669座，处理能力为3587万立方米/天，污水处理率达93.55%，排水管道长度为21.34万公里。图1.1.1为2000～2019年我国城镇污水处理厂发展情况。

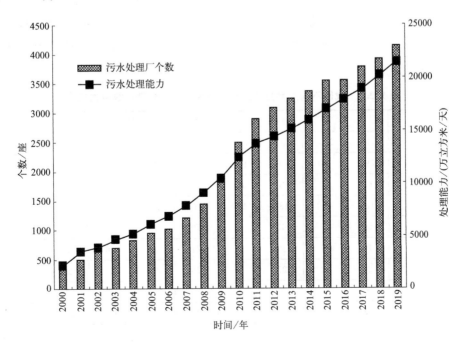

图1.1.1　2000～2019年我国城镇污水处理厂发展情况

1.2　处理工艺

城镇污水中的主要污染物是有机物，目前绝大多数污水处理厂均采用生物法，包括活性污泥法和生物膜法两大类，城镇污水处理设施主体工艺应用最广泛的有厌氧-缺氧-好氧法（AAO）、氧化沟工艺、厌氧-好氧工艺（A/O）、SBR。易建婷等[1]（2015）对我国投运城镇污水处理设施现状与发展趋势分析结果显示在污水处理事业起步阶段，传统活性污泥法、A/O、AAO 为主导工艺，约占一半以上，同时常规型氧化沟工艺以及生物膜法也占有一定比例，约占 10%。随着《城镇污水处理厂污染物排放标准》（GB 18918—2002）的实施以及《城镇排水与污水处理条例》的发布对污水处理行业的管理和法律规范上越来越严，A/O、AAO 由于其较低的能耗与运行费用，有效脱氮除磷仍然是主流工艺，而氧化沟工艺及其改进型因其良好的脱氮效果且无需沉淀池，在此期间大范围应用。SBR 及其改良工艺由于处理设施简单且处理效果好也逐渐被接受，但由于自控要求高的限制，在初期应用程度不高，在 2005～2013 年，随着自控技术的发展与提高，SBR 及其改良工艺逐渐广泛推广应用。大型污水处理设施主要采用 AAO 工艺，而中、小型污水处理厂则分别偏好氧化沟和 CASS 工艺。赵晔等（2019）根据全国城镇污水处理管理信息系统数据，去除没有标明处理工艺、进水量不稳定以及规模小于 $10000m^3/d$ 的污水处理厂进行了梳理，经分析，从 2008～2017 年，我国不同生物处理工艺、规模的污水处理厂数量情况如表 1.2.1 所列。

表 1.2.1　我国不同生物处理工艺、规模的污水处理厂数量情况[2]

工艺	规模 $\times10^4m^3/d$	规模以上污水处理厂数量/座									
		2008	2009	2010	2011	2012	2013	2014	2015	2016	2017
共计		598	731	897	1006	1057	1103	1179	1232	1292	1363
AAO	<5	69	89	134	166	175	188	211	226	245	269
	5～10	122	150	185	204	216	227	243	248	273	297
	>10	50	59	65	68	70	73	78	82	87	91
AO	<5	15	17	19	21	24	24	26	28	28	29
	5～10	23	24	27	27	26	26	26	27	28	28
	>10	8	8	8	8	8	8	8	8	8	8
SBR	<5	33	48	73	83	90	94	104	106	108	112
	5～10	49	56	60	68	73	74	75	79	82	85
	>10	5	5	5	6	6	6	6	6	6	6

续表

工艺	规模 ×10⁴m³/d	规模以上污水处理厂数量/座									
		2008	2009	2010	2011	2012	2013	2014	2015	2016	2017
氧化沟	<5	43	70	91	108	116	122	136	146	149	156
	5~10	105	120	133	140	144	146	148	153	153	156
	>10	14	14	14	14	14	14	14	14	14	14
传统活性污泥法	<5	23	26	35	42	44	49	51	55	57	58
	5~10	28	34	37	40	40	40	41	42	42	42
	>10	11	11	11	11	11	12	12	12	12	12

1.3　处理功效

《2019 年城乡建设统计年鉴》显示，我国城市和县城污水处理率的发展情况如图 1.3.1 所示，城市和县城的污水处理率分别从 2000 年的 34.25％和 7.55％逐渐发展至 2019 年的 96.81％和 93.55％，其中城市污水处理率于 2014 年达 90％以上，县城污水处理率于 2017 年达 90％以上。

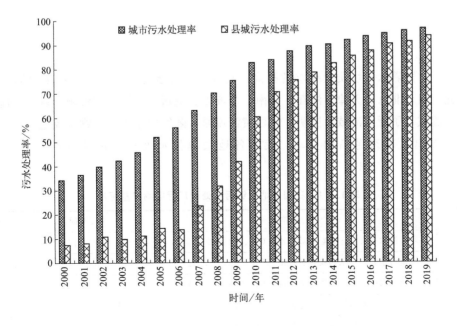

图 1.3.1　2000~2019 年我国城市与县城污水处理率发展情况

《2018 年城镇排水统计年鉴》显示，2017 年全国城镇污水处理厂 COD 削减量为 1377 万吨，同比增加 5.92%，万吨水 COD 削减量为 2.41t，全国氨氮削减量为 132 万吨，同比增加 7.31%，万吨水氨氮削减量为 0.230t，四大区域污染物削减率如表 1.3.1 所列。

表 1.3.1 我国四大区域污染物削减率 单位:%

地区	COD	BOD_5	NH_3-N	TN	TP
东部地区	91.7	95.9	94.6	69.4	90.8
中部地区	90.3	93.7	92.9	70.4	86.8
西部地区	91.4	94.4	88.4	70.1	87.4
东北地区	88.5	93.3	88.1	64.2	86.4

赵晔等（2019）分析了 2008~2017 年的城镇污水处理厂运行数据，结果显示 2008~2017 年污水处理厂年均吨水耗电量从 $0.24kW \cdot h/m^3$ 上升至 2017 年的近 $0.3kW \cdot h/m^3$，并且从 2013 年开始出现较为明显的上涨趋势。与此同时，吨水 COD 削减量从 2008 年的 $0.28kg/m^3$ 下降至 2017 年的 $0.26kg/m^3$，随着吨水耗能的增加，吨水 COD 的削减并未提高，反而呈现不断下降的趋势[2]。

1.4 排放标准

近年来，随着水环境质量要求的提高，我国城镇污水处理厂水污染物排放标准日益严格，与此同时，北京、天津、浙江、湖南、江苏太湖流域、安徽巢湖流域、岷沱江流域、河北大清河流域、子牙河流域、昆明、陕西黄河流域等陆续发布水污染物排放地方标准，对总氮、总磷提出了越来越高的要求，我国各地城镇污水处理厂污染物排放标准汇总见表 1.4.1。

表 1.4.1 我国各地城镇污水处理厂污染物排放标准

发布者	标准名称	发布时间	实施时间
国家	《城镇污水处理厂污染物排放标准》(GB 18918—2002)	2002.12.24	2003.7.1
北京	《城镇污水处理厂水污染排放标准》(DB 11/890—2012)	2012.5.28	2012.7.1
天津	《城镇污水处理厂水污染排放标准》(DB 12599—2015)	2015.9.25	2015.10.1
广东	《茅洲河流域水污染物排放标准》(DB 44/2130—2018)	2018.8.24	2018.10.1
浙江	《城镇污水处理厂主要水污染排放标准》(DB 33/2169—2018)	2018.12.17	2019.1.1

发布者	标准名称	发布时间	实施时间
陕西	《陕西黄河流域水综合排放标准》(DB 61/224—2018)	2018.12.29	2019.1.29
湖南	《湖南省城镇污水处理厂主要水污染排放标准》(DB 43/T 1546—2018)	2018.12.25	2019.3.25
河北	《大清河流域水污染排放标准》(DB 13/2795—2018) 《子牙河流域水污染排放标准》(DB 13/2796—2018) 《黑龙港及运东流域水污染排放标准》(DB 13/2797—2018)	2018.8.29	2018.10.1
安徽	《巢湖流域城镇污水处理厂和工业行业主要水污染排放限值》(DB 34/2710—2016)	2016.9.27	2017.1.1
四川	《四川省岷江、沱江流域水污染排放标准》(DB 51/2311—2016)	2016.12.20	2017.1.1
江苏	《太湖地区城镇污水处理厂及重点工业行业主要水污染物排放限值》(DB 32/1072—2018)	2018.5.18	2018.6.1
昆明	《城镇污水处理厂主要水污染物排放限值》(DB 5301/T 43—2020)	2020.4.15	2020.5.1

我国城镇污水处理厂排放标准主要污染物指标与地表Ⅳ类和Ⅴ类对比结果如表 1.4.2 所示。

表 1.4.2　我国城镇污水处理厂排放标准主要污染物指标对比　　单位：mg/L

排放标准		COD	BOD_5	SS	NH_3-N	TN	TP
GB 18918—2002	一级 A	50	10	10	5(8)	15	1(2006 年前) 0.5(2006 年后)
	一级 B	60	20	20	8(15)	20	1.5(1)
GB 18918—2015 征求意见稿	特别排放限值	30	6	5	1.5(3)/3(5)	10/15	0.3
DB 11/890—2012 北京市	A	20	4	5	1	10	0.2
	B	30	6	5	1.5	15	0.3
DB 12/599—2015 天津市	A	30	6	5	1.5(3)	10	0.3
	B	40	10	5	2(3.5)	15	0.4
DB 33/2169—2018 浙江省	限值 1	40	—	—	2(4)	12(15)	0.3
	限值 2	30	—	—	1.5(3)	10(12)	0.3
GB 3838—2002	Ⅳ类	30	6		1.5	1.5(湖库)	0.3 0.1(湖库)
	Ⅴ类	40	10		2	2(湖库)	0.4 0.2(湖库)

注：1. GB 18918—2015 氨氮指标括号内为水温≤12℃时的控制指标；DB 12/599—2015 氨氮指标括号内为每年 11 月至次年 3 月执行值。

2. "/" 左侧限值适用于水体富营养化问题突出的地区。

3. DB 33/2169—2018 限值 2 为 2019 年 1 月 1 日后新建污水处理厂执行标准。

1.5　存在主要问题

随着更严苛的地方标准相继发布与实施，二次提标甚至更多次提标已成为很多污水处理厂面临的现实问题。实施一级 A 和一级 B 标准的污水处理厂的百分比近年来也显著增加，截至 2018 年已经达到 90%，部分水厂目前的工艺难以达到日益严格的排放标准，城镇污水处理厂存在的主要问题包括以下几方面。

（1）污水设施建设不到位，污水处理率普遍不高。与污水处理厂整体设计处理能力相比，污水管网仍然不足，从而导致污水处理厂的运营比率较低（截至 2018 年仅为 86%），低运行比表明很多污水处理厂的处理能力没有得到充分的利用。《2018 年城镇排水统计年鉴》显示，2017 年全国城镇污水处理厂平均负荷率为 83.95%，此外雨污合流现象严重，降雨期间大量雨水涌入污水管道和合流制管道，冲刷并携带旱季沉积物进入城镇水体，是水体雨后黑臭、底泥问题无法彻底根除的核心缘由，也是大部分城镇"生活污水集中收集率"偏低的直接根源。镇级污水配套管网建设的增长速度明显低于污水处理能力的增长速度。

（2）管网收集系统不完善。污水管道旱季高水位、低流速导致的颗粒物沉降是我国独有的现象，也是我国城镇污水处理厂进水污染物浓度低、碳氮磷比例失调的原因之一。管网低流速可能是我国的最大问题，当管网低于不沉降流速的时候，就变成了一个沉淀池，或者沉淀池结构的管网，旱季低流速时大量颗粒物沉积在管道中，而这些沉淀物中就可能包括大量 COD 或 BOD，但是沉淀下来的有机氮磷却可以水解成溶解性的氨氮或磷酸盐，这也是城市污水处理厂 C/N 过低的重要原因。另一个问题就是外水渗入，尤其是地表水渗入问题，经检测发现大部分地表水含有一些高氧化性物质，这些物质进入管道后必然进一步消耗污水中的 COD 和 BOD，进一步降低污水处理厂进水碳源。

2008～2017 年我国城镇污水吨水电耗增加的同时吨水 COD 削减量降低，这是由于很多地方采取沿河截污等措施把河水、地下水等一起截流进污水处理厂，另一方面由于管网老旧质量差，地下水位高的地区存在地下水挤占管网导致污水处理厂进水 COD 浓度低的情况[2]。王洪臣研究团队针对 23 个城市进行了测试，发现居民小区总排口 COD 浓度都大于 400mg/L，近两年全国污水处理厂进水 COD 浓度年均值 280mg/L 左右，一少部分在化粪池中被降解，更多的则沉积在管网中并最终被厌氧降解。污染物在管网的沉积降解，导致 COD 延程降低，但氮磷基本没有变化，造成污水处理过程碳氮比失调，需要投加外碳源，增加处理成本[3]。

（3）氮磷达标困难。我国城镇污水处理厂总体呈现出进水 BOD_5 偏低的态势，进水氮磷元素含量总体偏高，总体 C/N 偏低，进水碳源不足，导致生物脱氮效果有限，易造成废水总氮达标困难。除了进水 C/N 偏低影响生物池脱氮除磷效率不高，还受低温条件限制，尤其是冬季水温低于 12℃，严重影响反硝化速率，许多污水处理厂生物池水力停留时间不足，微生物降解作用不充分，不利于脱氮除磷。

（4）污水处理平均能耗较高。污水处理过程复杂，其中涉及的程序多，每个过程都要消耗很多的能源，城镇污水处理厂中的污水处理设备多以电能作为能源来源。我国污水处理厂，特别是大规模的污水处理厂普遍存在污泥浓度过高与污泥活性差的问题，为了防止高污泥浓度的运行中污泥沉积，必须增加额外曝气量[3]。另一方面，提标改造增加的深度处理强化也带来了更高的能耗，2008~2018 年平均能耗强度增加了 30%，污水处理厂总电耗达到 197.3 亿千瓦时。

（5）臭气带来邻避效应。城镇污水处理厂早期规划一般位于郊区位置并且没有针对臭气进行专门处理，随着经济发展与人口城镇化，居民区越来越靠近污水处理厂，污水处理与污泥处理的臭气污染也受到越来越多的关注，由于恶臭物质的复杂性和污水处理厂恶臭浓度变化大的特殊性，恶臭物质的处理是提质增效过程亟待解决的问题。

（6）新污染物受到关注。目前国际上比较关注的具有一定健康风险和生态风险的新污染物（Emerging Contaminants，ECs）在污水处理全流程中的迁移转化及去除机理缺乏系统深入研究，在我国新污染物还未纳入城镇污水处理厂的常规检测中[4]。Cheung 等（2017）发现中国大陆每年有 2.10×10^{14} 个微珠（折合 306.9t）排放到水环境中，其中超过 80% 来自污水处理厂的排放[5]。与此同时，研究显示污水处理厂的处理处置工艺、环境容量会影响环境中微塑料的污染水平[6]。关注较多的新污染物包括全氟化合物（Perfluorooctane Sulfonate，PFOS；Perfluorooctanoic Acid，PFOA）、内分泌干扰物（Endocrine Disrupting Chemicals，EDCs）、药品和个人护理用品（Pharmaceutical and Personal Care Products，PPCPs）、致癌类多环芳烃（Polycyclic Aromatic Hydrocarbon，PAHs）、溴化阻燃剂及其他有毒物质等。随着环境分析水平的提高，这些物质在国内外的城镇污水、地表水、饮用水中被频繁检出，尽管它们的检出浓度仅在纳克每升至微克每升级，但其化学性质稳定，且易生物积累，具有潜在的生态和健康威胁性。与此同时，城镇污水中的一些微量有机污染物（TrOCs）具有浓度低、风险高和去除难等特点[7]。

（7）剩余污泥处理处置问题严峻。目前我国污水处理率已超过 90%，作为污水处理重要副产物的污泥也伴随污水处理规模的扩大而大量产生，但与高污水处理率形成鲜明对比的则是 30% 的污泥无害化处置率。据统计，2019 年我国污泥产量已超过 6000 万吨（以含水率80% 计），预计 2025 年我国污泥年产量将突破 9000 万吨[8]。长期以来污水处理厂"重水轻泥"，污泥处理处置没有同步跟上，污泥处理处置问题十分严峻，一般污水处理厂未经处理的污泥含水率达 99% 以上，即使经过浓缩等预处理含水率仍在 80% 以上，脱水困难的特性造成剩余污泥体积庞大，处理成本费用高，污泥减量化、无害化、资源化处理面临巨大挑战。

（8）污水处理厂再生利用率低。随着更加严苛的地方标准的发布以及城镇污水处理厂提标改造工作的推进完成，我国城镇污水处理厂出水进入高标准阶段。然而，在城镇污水处理厂出水水质越来越优的情况下，提高再生水利用率依然面临很多的瓶颈问题，一方面除北京、天津等城市，全国大部分城镇污水处理厂的再生水利用率都较低，另一方面，我国城镇污水处理厂再生水利用的主要途径为景观用水，然而污水处理厂出水排入水体后，氮磷及微量金属元素对城市景观水体中藻类和水体环境的影响等，都亟待开展基础性研究。为促进我国城市水系统可持续发展应重点开展的4个研究方向：①污水再生及循环的物质转化与能源转换机制；②再生水生态储存与多尺度循环利用原理；③城市水系统水质安全评价与生态风险控制方法；④基于"再生水+"的可持续城市水系统构建理论[9]。

1.6　重要文件

中华人民共和国住房和城乡建设部、中华人民共和国生态环境部和中华人民共和国国家发展和改革委员会于2019年4月29日发布了《城镇污水处理提质增效三年行动方案（2019—2021年）》[10]，行动方案内容摘录如下。

为全面贯彻落实全国生态环境保护大会、中央经济工作会议精神和《政府工作报告》部署要求，加快补齐城镇污水收集和处理设施短板，尽快实现污水管网全覆盖、全收集、全处理，制定本方案。

一、总体要求

（1）指导思想。 以习近平新时代中国特色社会主义思想为指导，全面贯彻党的十九大和十九届二中、三中全会精神，将解决突出生态环境问题作为民生优先领域，坚持雷厉风行与久久为功相结合，抓住主要矛盾和薄弱环节集中攻坚，重点强化体制机制建设和创新，加快补齐污水管网等设施短板，为尽快实现污水管网全覆盖、全收集、全处理目标打下坚实基础。

（2）基本原则。 立足民生，攻坚克难。把污水处理提质增效作为关系民生的重大问题和扩大内需的重点领域，全面提升城市生活污水收集处理能力和水平，提升优质生态产品供给能力，优先解决人民群众关注的生活污水直排等热点问题，不断满足人民群众日益增长的优美生态环境需要。

落实责任，强化担当。地方各级人民政府要建立上下联动、部门协作、多措并举、高效有力的协调推进机制。要强化城市人民政府主体责任，做好统筹协调，完善体制机制，分解落实任务，加强资金保障，确保三年行动取得显著成效。住房和城乡建设部、生态环境部、发展改革委要会同有关部门协同联动，强化指导督促。

系统谋划，近远结合。在分析污水收集处理系统现状基础上，统筹协调，谋划长远，做好顶层设计，强化系统性，压茬推进；三年行动要实事求是，既量力而行又尽力而为，定出硬目标，敢啃"硬骨头"，扎实推进，全力攻坚，为持续推进污水处理提质增效打好坚实基础。

问题导向，突出重点。坚持问题导向，以系统提升城市生活污水收集效能为重点，优先补齐城中村、老旧城区和城乡结合部管网等设施短板，消除空白，坚持因地制宜，系统识别问题，抓住薄弱环节，重点突破。

重在机制，政策引领。抓好长效机制建设，力争用3年时间，形成与推进实现污水管网全覆盖、全收集、全处理目标相适应的工作机制。强化政策引导，优化费价机制，落实政府责任，调动企业和公众各方主体参与积极性，实现生态效益、经济效益和社会效益共赢。

（3）主要目标。经过3年努力，地级及以上城市建成区基本无生活污水直排口，基本消除城中村、老旧城区和城乡结合部生活污水收集处理设施空白区，基本消除黑臭水体，城市生活污水集中收集效能显著提高。

二、推进生活污水收集处理设施改造和建设

（1）建立污水管网排查和周期性检测制度。按照设施权属及运行维护职责分工，全面排查污水管网等设施功能状况、错接混接等基本情况及用户接入情况。依法建立市政排水管网地理信息系统（GIS），实现管网信息化、账册化管理。落实排水管网周期性检测评估制度，建立和完善基于GIS系统的动态更新机制，逐步建立以5～10年为一个排查周期的长效机制和费用保障机制。对于排查发现的市政无主污水管段或设施，稳步推进确权和权属移交工作。居民小区、公共建筑及企事业单位内部等非市政污水管网排查工作，由设施权属单位或物业代管单位及有关主管部门建立排查机制，逐步完成建筑用地红线内管网混接错接排查与改造。（上述工作由住房和城乡建设部牵头，生态环境部等部门参与，城市人民政府负责落实。以下均需城市人民政府落实，不再列出。）

（2）加快推进生活污水收集处理设施改造和建设。城市建设要科学确定生活污水收集处理设施总体规模和布局，生活污水收集和处理能力要与服务片区人口、经济社会发展、水环境质量改善要求相匹配。新区污水管网规划建设应当与城市开发同步推进，除干旱地区外均实行雨污分流。明确城中村、老旧城区、城乡结合部污水管网建设路由、用地和处理设施建设规模，加快设施建设，消除管网空白区。对人口密度过大的区域、城中村等，要严格控制人口和企事业单位入驻，避免因排水量激增导致现有污水收集处理设施超负荷。实施管网混错接改造、管网更新、破损修复改造等工程，实施清污分流，全面提升现有设施效能。城市污水处理厂进水生化需氧量（BOD）浓度低于100mg/L的，要围绕服务片区管网制定"一厂一策"系统化整治方案，明确整治目标和措施。推进污泥处理处置及污水再生利用设施建设。人口少、相对分散或市政管网未覆盖的地区，因地制宜建设分散污水处理设施。（住房和城乡建设部牵头，发展改革委、生态环境部等部门参与。）

（3）健全管网建设质量管控机制。加强管材市场监管，严厉打击假冒伪劣管材产品；各级工程质量监督机构要加强排水设施工程质量监督；工程设计、建设单位应严格执行相关标准规范，确保工程质量；严格排水管道养护、检测与修复质量管理。按照质量终身责任追究要求，强化设计、施工、监理等行业信用体系建设，推行建筑市场主体黑名单制度。（住房和城乡建设部、市场监管总局按照职责分工负责。）

三、健全排水管理长效机制

（1）健全污水接入服务和管理制度。建立健全生活污水应接尽接制度。市政污水管网覆盖范围内的生活污水应当依法规范接入管网，严禁雨污混接错接；严禁小区或单位内部雨污

混接或错接到市政排水管网，严禁污水直排。新建居民小区或公共建筑排水未规范接入市政排水管网的，不得交付使用；市政污水管网未覆盖的，应当依法建设污水处理设施达标排放。建立健全"小散乱"规范管理制度。整治沿街经营性单位和个体工商户污水乱排直排，结合市场整顿和经营许可、卫生许可管理建立联合执法监督机制，督促整改。建立健全市政管网私搭乱接溯源执法制度。严禁在市政排水管网上私搭乱接，杜绝工业企业通过雨水口、雨水管网违法排污，地方各级人民政府排水（城管）、生态环境部门要会同相关部门强化溯源追查和执法，建立常态化工作机制。（住房和城乡建设部、生态环境部牵头，市场监管总局、卫生健康委等部门参与。）

(2) 规范工业企业排水管理。经济技术开发区、高新技术产业开发区、出口加工区等工业集聚区应当按规定建设污水集中处理设施。地方各级人民政府或工业园区管理机构要组织对进入市政污水收集设施的工业企业进行排查，地方各级人民政府应当组织有关部门和单位开展评估，经评估认定污染物不能被城镇污水处理厂有效处理或可能影响城镇污水处理厂出水稳定达标的，要限期退出；经评估可继续接入污水管网的，工业企业应当依法取得排污许可。工业企业排污许可内容、污水接入市政管网的位置、排水方式、主要排放污染物类型等信息应当向社会公示，接受公众、污水处理厂运行维护单位和相关部门监督。各地要建立完善生态环境、排水（城管）等部门执法联动机制，加强对接入市政管网的工业企业以及餐饮、洗车等生产经营性单位的监管，依法处罚超排、偷排等违法行为。（生态环境部、住房和城乡建设部牵头，发展改革委、工业和信息化部、科技部、商务部参与。）

(3) 完善河湖水位与市政排口协调制度。合理控制河湖水体水位，妥善处理河湖水位与市政排水的关系，防止河湖水倒灌进入市政排水系统。施工降水或基坑排水排入市政管网的，应纳入污水排入排水管网许可管理，明确排水接口位置和去向，避免排入城镇污水处理厂。（水利部、住房和城乡建设部按职责分工负责。）

(4) 健全管网专业运行维护管理机制。排水管网运行维护主体要严格按照相关标准定额实施运行维护，根据管网特点、规模、服务范围等因素确定人员配置和资金保障。积极推行污水处理厂、管网与河湖水体联动"厂-网-河（湖）"一体化、专业化运行维护，保障污水收集处理设施的系统性和完整性。鼓励居住小区将内部管网养护工作委托市政排水管网运行维护单位实施，配套建立责权明晰的工作制度，建立政府和居民共担的费用保障机制。加强设施建设和运营过程中的安全监督管理。（住房和城乡建设部牵头，财政部参与。）

四、完善激励支持政策

(1) 加大资金投入，多渠道筹措资金。加大财政投入力度，已安排的污水管网建设资金要与三年行动相衔接，确保资金投入与三年行动任务相匹配。鼓励金融机构依法依规为污水处理提质增效项目提供融资支持。研究探索规范项目收益权、特许经营权等质押融资担保。营造良好市场环境，吸引社会资本参与设施投资、建设和运营。（财政部、发展改革委、人民银行、银保监会按职责分工负责。）

(2) 完善污水处理收费政策，建立动态调整机制。地方各级人民政府要尽快将污水处理费收费标准调整到位，原则上应当补偿污水处理和污泥处理处置设施正常运营成本并合理盈利；要提升自备水污水处理费征缴率。统筹使用污水处理费与财政补贴资金，通过政府购买服务方式向提供服务单位支付服务费，充分保障管网等收集设施运行维护资金。（发展改革委、财政部、住房和城乡建设部、水利部按职责分工负责。）

（3）完善生活污水收集处理设施建设工程保障。 城中村、老旧城区、城乡结合部生活污水收集处理设施建设涉及拆迁、征收和违章建筑拆除的，要妥善做好相关工作。结合工程建设项目行政审批制度改革，优化生活污水收集处理设施建设项目审批流程，精简审批环节，完善审批体系，压减审批时间，主动服务，严格实行限时办结。（住房和城乡建设部牵头，相关部门参与。）

（4）鼓励公众参与，发挥社会监督作用。 借助网站、新媒体、微信公众号等平台，为公众参与创造条件，保障公众知情权。加大宣传力度，引导公众自觉维护雨水、污水管网等设施，不向水体、雨水口排污，不私搭乱接管网，鼓励公众监督治理成效、发现和反馈问题。鼓励城市污水处理厂向公众开放。（住房和城乡建设部、生态环境部按照职责分工负责。）

五、强化责任落实

（1）加强组织领导。 城市人民政府对污水处理提质增效工作负总责，完善组织领导机制，充分发挥河长、湖长作用，切实强化责任落实。各省、自治区、直辖市人民政府要按照本方案要求，因地制宜确定本地区各城市生活污水集中收集率、污水处理厂进水生化需氧量（BOD）浓度等工作目标，稳步推进县城污水处理提质增效工作。要根据三年行动目标要求，形成建设和改造等工作任务清单，优化和完善体制机制，落实各项保障措施和安全防范措施，确保城镇污水处理提质增效工作有序推进，三年行动取得实效。各省、自治区、直辖市人民政府要将本地区三年行动细化的工作目标于 2019 年 5 月底前向社会公布并报住房和城乡建设部、生态环境部、发展改革委备案。（住房和城乡建设部、生态环境部、发展改革委负责指导和督促各地开展。）

（2）强化督促指导。 省级住房和城乡建设、生态环境、发展改革部门要通过组织专题培训、典型示范等方式，加强对本行政区域城镇污水处理提质增效三年行动的实施指导。自2020 年起，各省、自治区、直辖市要于每年 2 月底前向住房和城乡建设部、生态环境部、发展改革委报送上年度城镇污水处理提质增效三年行动实施进展情况。（住房和城乡建设部、生态环境部、发展改革委按照职责分工负责。）

参考文献

[1] 易建婷，张成，徐凤，等．全国投运城镇污水处理设施现状与发展趋势分析[J]．环境化学，2015，4（09）：1654-1660.

[2] 赵晔，陈玮，徐慧纬，等．城镇污水收集处理系统提质增效过程中节能减排可行性分析[J]．给水排水，2019，55（01）：42-46.

[3] 王洪臣．关注城镇污水处理厂运营困境，共同探寻破解之道[J]．给水排水，2019，55（09）：1-3.

[4] 陈华．《城镇污水处理厂污染物排放标准》与《地表水环境质量标准》的比较和发展趋势探索[J]．净水技术，2019，38（10）：56-61.

[5] Cheung P K, Fok L. Characterisation of plastic microbeads infacial scrubs and their estimated emissions in Mainland China. Water Research, 2017, 122: 53-61.

[6]   朱莹，曹淼，罗景阳，等．微塑料的环境影响行为及其在我国的分布状况[J]．环境科学研究，2019，32（09）：
       1437-1447.

[7]   王文龙，吴乾元，杜烨，等．城市污水再生处理中微量有机污染物控制的关键难题与解决思路[J]．环境科学，
       2021，42（06）：2573-2582.

[8]   戴晓虎．我国污泥处理处置现状及发展趋势[J]．科学，2020，72（06）：30-34.

[9]   曲久辉，赵进才，任南琪，等．城市污水再生与循环利用的关键基础科学问题[J]．中国基础科学，2017，19（01）：
       6-12.

[10]   住房和城乡建设部生态环境部发展改革委关于印发城镇污水处理提质增效三年行动方案（2019—2021年）的通
       知，建城〔2019〕52号.

第 2 章

专 家 论 坛

2.1 德国城镇污水处理厂提标改造

报告人：马克斯·多曼（Max Dohmann），德国亚琛工业大学，终身教授

2.1.1 污水厂提标改造历史发展

随着城市发展、社会进步以及人口的增多，污水处理厂的建造、扩张及改造不可避免。早在 100 年之前，由于污水排放要求的原因，世界上已经出现首批污水处理设施改造措施。在 20 世纪初，德国存在的污水处理设施以机械处理设备为主，包括格栅、筛网、沉砂池和沉淀池等。除此之外的高级处理工艺仅在少数几个厂区可见，即污水在初级机械处理后被引入结构较为简单的生物滤池或土壤过滤设施。

从 20 世纪 40～50 年代起，污水处理经历飞速发展，越来越多的科学理论及工艺被逐步认识并掌握，由此而来的运行经验愈加丰富，直至发展成如今的系统性工程。污水处理工艺发展最具代表性的案例便是活性污泥法，1913 年起活性污泥工艺为污水处理开创了一个新的时代。全世界无数的污水处理厂被以活性污泥法为基础发展出的各类衍生工艺成功升级改造，下面详细列出了世界污水处理历史上以活性污泥法为基础、工艺改造、升级、研发的重大里程碑事件[1]。值得一提的是，此发展过程遍布世界。

1913 年：污水处理厂的实验室中进行了针对污泥的第一次成功尝试，标志着在 2L 试验瓶中活性污泥工艺的诞生。

1914 年：英格兰索尔福德市出现首个大型活性污泥处理厂（间歇进水）。

1916 年：英格兰沃彻斯特市出现首座连续运行的污水处理厂。

1920 年：首个曝气池作为回流工艺在英格兰谢菲尔德市运行。

1925 年：英格兰 Bury 出现首个采用表面曝气工艺的污水处理厂。

1925 年：德国 Essen-Rellinghausen 污水处理厂成为欧洲首个真正采用活性污泥工艺的

污水处理厂。

1926 年：德国 Essen 研发两级活性污泥法处理高负荷废水。

1927 年：荷兰 Appeldorn 首次应用曝气刷。

1934 年：引入 Mohlman 污泥指数来表征活性污泥的沉降特性。

1934 年：处理无磷工业废水的马格德堡-P 法被研发出来。

1937 年：Kessener 在荷兰首次将多点分布式进水模式应用于耗氧研究。

1940 年：德国和美国首次进行纯氧曝气试验。

1952 年：Hoover 和 Porges 开发临时蓄水氧化沟工艺。

1953 年：用于处理生活及工业废水的 Niers 工艺（活性污泥与化学沉淀法组合工艺）被研发出来。

1953 年：瑞士 Wuhrmann 进行高负荷活性污泥工艺研究。

1957 年：德国代特莫尔德市出现首个高负荷活性污泥污水处理厂。

1958 年：德国 Nuttlar 小镇上出现首个厌氧活性污泥污水处理厂。

1960 年：欧洲和美国对活性污泥法进行多样化改良以准备即将开始的除氮要求。

1962 年：美国第一家采用活性污泥曝气工艺的大型污水处理厂投产运行。

1965 年：美国 Levin 和 Shapiro 首次在活性污泥中进行除磷试验。

1965 年：德国 Niers 水协会首次有针对性地运用不同类型的絮凝剂。

1969 年：美国首次将交叉流膜组件置于活性污泥池内进行试验。

1970 年：美国首次将曝气工艺运用于商业领域。

1971 年：美国卡尔弗尔湾出现首家 SBR 污水厂，延续了 Ardern 和 Locket 的进水理念。

1974 年：南非开普敦出现首个具有生物除磷功能的污水处理厂。

1977 年：德国 Boehnke 教授开发活性污泥两段式处理工艺（AB 法）。

1980 年：工业废水塔式生物反应器研发。

1985 年：交叉流厌氧膜生物反应器在南非进行首次工业废水处理试验。

1987 年：德国鲁尔协会首次于污水处理厂氧化池进行粉末活性炭投加。

1989 年：山本公司在日本研发浸没式低压塑料膜膜生物反应器（MBR）。

1993 年：Koppe 于奥地利维也纳 Matche 首次开发两段式活性污泥混合工艺。

2003 年：第一个以稳定颗粒污泥去除生物养分为主要工艺的大型试验水厂在荷兰 Ede 投产运行。

2007 年：首个大型厌氧氨氧化工艺在荷兰鹿特丹投产运行。

2007 年：奥地利某污水处理厂首次使用纳米材料进行故障排除。

2008 年：日本首次大规模运用厌氧膜生物反应器处理农村地区污水。

污水处理厂提质增效有诸多原因，在过去的数十年间，德国城镇污水处理厂提标改造的主要原因为：（1）水质保护要求及出水标准提高；（2）技术及设备逐渐老化；（3）由于负荷增加或流入水量增加，污水处理厂容量扩大；（4）自然资源保护要求。

在过去的 30 年间，德国污水处理厂出水指标的法律规定主要集中在 COD、氮、磷等指标上。2000 年起，由于欧盟水框架条令的引入使得针对其他有害污染物质的浓度限定成为重要的议题。

在欧盟环境质量标准条令（EU 2013）中，列有 45 种重点扩展环境指标（其中 21 种被定义为危害物质）[2]，这些指标在 2016 年被引入地表水体水质标准。欧盟环境质量标准条令规定了各类地表水体的生化指标及状况，旨在保护水体生态与人类健康。但是迄今为止，这些扩展指标只存在于地表水体水质标准中，而污水处理厂出水对此类指标并无明确要求。其中具有代表性的指标为有机微污染物，这些物质在传统的污水生化处理工艺中无法得到有效去除，后续会释放有害物质，因此，此类污染物的去除在无明确法律法规的约束下，仍成为目前多数德国污水厂提标改造的重点任务，详细案例会在下面重点提及。

德国污水处理厂提标改造的第二个重点方向为污水及污泥处理过程中磷资源的回收，其背景为德国于 2017 年出台的关于污泥处理处置法规的修正法案（BMJV 2017）。此修正法案对从污泥或焚烧灰烬中回收磷做了强制性的规定。目前，德国已有多个污泥磷回收工程在计划及建设中。

有机微污染物去除以及污泥中磷回收两大新兴领域均受到德国政府的高度重视，除为高校、企业提供科研项目平台及经费以外，各地政府也相应出台诸多财政经费支持政策，极大地减少了污水处理厂的财政压力。

2.1.2　德国污水处理厂提标改造背景综述

近年来，德国对传统的城市污水处理厂在消除微污染物质、抗生素耐药菌和微塑料等方面进行了大量的研究和调查，系统调研了污水处理厂常规工艺和深度处理工艺的处理效果。图 2.1.1 显示了德国传统污水处理厂在消除多种药物残留和有机工业化学品方面的处理效果。

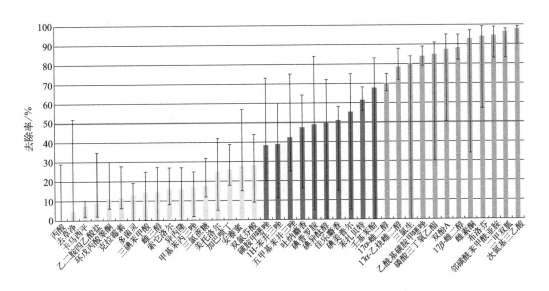

图 2.1.1　德国传统污水处理厂对微污染物质的处理效果[3]

图 2.1.1 显示了截然不同的去除效果。虽然一些有机微量污染物的去除率平均超过 80%，但其他污染物的去除率较低，有些甚至几乎无法去除。这对水体甚至是饮用水都会产生相应的影响。以药物活性成分为例，图 2.1.2 显示了其在污水处理厂出水、地表水和饮用水中的数量和浓

度范围。与污水厂污水相比，地表水中的活性物质的总体数量较多，原因可能是畜禽养殖用药等农业面源导致的。然而，毫无疑问，污水处理厂是这些有机微污染物质的主要来源。

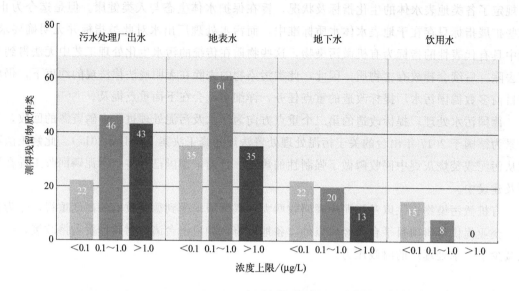

图 2.1.2　污水处理厂出水、地表水、地下水及饮用水中的药物成分残留[4]

由于工艺限制，有机微污染物在城镇污水处理厂无法得到有效去除，因此需对此类污染物配置额外的处理工艺，它们包括：（1）活性炭吸附工艺（粉末状或颗粒状活性炭）；（2）臭氧高级氧化；（3）膜处理；（4）紫外线处理。

在德国，活性炭吸附法应用较为广泛。近年来，大量市政污水处理厂也相应地进行了活性炭吸附工艺的改扩建工作，多采用粉状活性炭。在一些污水处理厂中，在生化处理单元后已配置有砂滤的污水处理厂，则将其改造成颗粒活性炭过滤系统。图 2.1.3 显示了不同污水

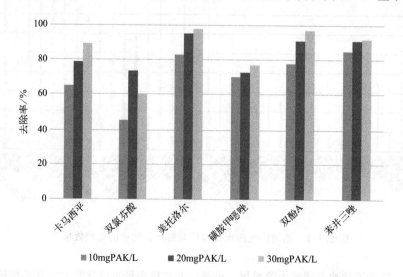

图 2.1.3　粉状活性炭对城市污水处理厂去除微污染物的影响[5]

PAK—活性炭

处理厂采用粉状活性炭工艺，在不同的投加量的情况下，对 6 种活性药物成分的去除效果。数据表明，即使采用低剂量的活性炭投加量，也能达到较好的去除效果。图 2.1.4 显示了颗粒活性炭过滤对 5 种不同活性药物成分的处理效果。在滤床负荷在 12000m³ 污水/m³ 颗粒活性炭的情况下，除磺胺甲噁唑外，抗生素的去除率最低可达 80%。因此，在对活性炭过滤系统进行设计时，过滤负荷建议为 10000m³/m³。

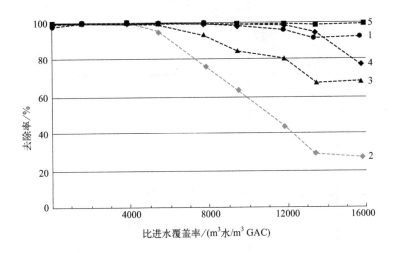

图 2.1.4　颗粒活性炭对城市污水处理厂去除微污染物的影响[5]
1—卡马西平；2—磺胺甲噁唑；3—双氯芬酸；4—苯并三唑；5—美托洛尔

经过广泛研究，臭氧也被应用于德国市政污水处理厂的升级改造。臭氧工艺接在现有生化处理单元后。臭氧的作用不仅可以去除有机微污染物，还具有消毒的作用。图 2.1.5 总结了污染物去除和消毒与臭氧投加量的函数关系，表明如果要充分进行消毒，臭氧投加量必须比去除微污染物质的投加量高。图 2.1.5 可用于臭氧系统的设计选型。

膜过滤作为微滤或超滤膜生物反应器（MBR）在市政污水处理厂中的应用已经有 20 多年的历史了。然而，微滤和超滤对去除有机微污染物质的作用有限，要达到良好的去除效果，必须选用高能耗的纳滤。出于运行成本的考虑，到目前为止，德国城市污水处理厂并无应用案例。但是，不同于活性炭吸附或臭氧处理，微滤和超滤可以达到最大限度的消毒和去除微塑料的效果。随着对出水水质的日益提高，对于城市污水处理厂来说，恰恰是微塑料的去除才是最重要的。因此，也有专家建议将超滤和粉状活性炭结合，以达到同时去除有机微污染物质和微塑料的目的。

紫外线也已被证明可有效地对城市污水处理厂废水中的病原体进行消毒或灭活。使用紫外线必须在其上游设置过滤工艺，保证进水固体浓度在较低水平，从而保证紫外线处理效果。细菌可在紫外线 260nm 左右波长范围被有效灭活，而去除有机微污染物，紫外线波长则需要在 220nm 以下。因此，采用波长适用于消毒的紫外线，对有机微污染物的降解效果较为有限。达到更高的去除率，紫外辐射量就需提升。也就是说，要么提高照射强度，要么延长停留时间，这对于同时要达到消毒和有机微污染物去除来说并不经济。但对于去除有机微污染物来说，未来有可能采用目前已应用于超纯水处理的波长在 100～200nm 的真空紫外

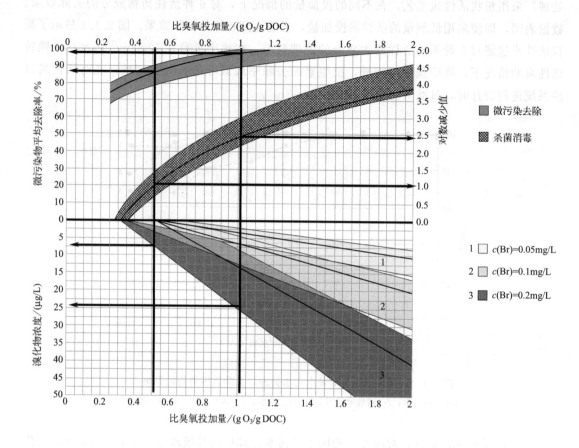

图 2.1.5　污水生物处理后使用臭氧对去除微污染物质和消毒的效果[6]

线技术。表 2.1.1 列出了上述改造工艺及其相对去除效果。

表 2.1.1　不同处理工艺对污水处理厂出水的微污染物去除和消毒效果比较[5]

处理工艺	微污染物	微塑料	微生物
臭氧工艺	+	−	0
粉末活性炭工艺	+	−	−
颗粒活性炭工艺	+	0	−
膜过滤法	−	+	+
紫外线工艺	−	−	0

注：+表示影响大，0表示影响适中，−表示无影响。

　　从表 2.1.1 中可看出，活性炭吸附和臭氧处理适合于去除市政污水中的有机微污染物。然而，多项检测结果表明，迄今为止所使用的工艺都无法同时去除三类微污染物，只有通过各种工艺的组合才能实现。例如吸附和膜过滤就是一种较为理想的组合。

2.1.3　磷回收

目前，德国产生的污泥中约有三分之一仍用于农业或园林绿化。在未来，这样的回收只可能发生于排放污染物总量较低的中小型污水处理厂。绝大多数污水厂需要执行磷回收的义务。根据德国现行污水污泥法令，预计德国约 40％ 的磷需求将从较大的污水处理厂通过回收得到。图 2.1.6 显示了德国市政污水处理厂运行过程中磷元素的流向分布。可以看出，从污泥中回收磷是有效措施之一。虽然污水及污泥脱水上清液中的磷只有不到 50％ 可以最终回收，但脱水污泥或污泥焚烧后的灰烬中磷回收潜能可达 80％～90％。在德国，脱水污泥的回收率至少为 50％，污泥焚烧灰烬中磷的回收率至少为 80％。

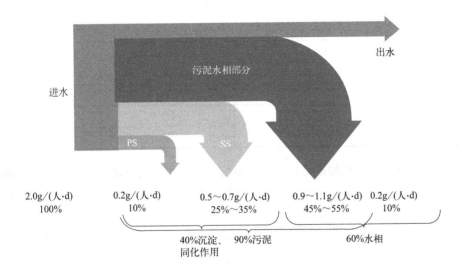

图 2.1.6　德国市政污水处理厂中磷的流向分布[7]

为从污泥中有效回收磷资源，在过去的 15 年中各类不同工艺得到开发。Kabbe 和 Rinck-Pfeiffer 等对已在使用或正在试运行的回收过程进行汇总后，得出了 26 种不同的回收工艺[8]。这些工艺大多以污泥为原料，最终通过鸟粪石（磷酸铵镁）形式回收磷。其中 7 种工艺中磷是从污泥焚烧灰烬中回收的。

不同的工艺产生不同的磷回收产物，如磷酸、磷酸二钙或鸟粪石。这些数量众多的回收产物目前可以回用于诸如传统农业、肥料工业和化学工业等领域。

2.1.4　德国城镇污水处理厂提标改造案例

本部分介绍的德国市政污水处理厂是前面德国污水处理厂两大升级改造技术方向的典型案例，即有机微污染物的深度去除与磷回收。

2.1.4.1　曼海姆污水处理厂

曼海姆污水处理厂负责处理曼海姆市的生活污水以及周边地区的部分工业废水。该厂最初于 1973 年投入运行，主体为机械及生物处理，并无消除养分功能。自 1999 年以来，针对氮、磷等养分的去除进行了升级改造。2016 年，为进一步消除有机微污染物，该厂再次提质升级。

曼海姆污水处理厂已扩建，目前可处理约 725000 人口当量的水量。曼海姆污水处理厂包括以下处理工艺段：（1）机械预处理段（粗格栅、沉砂池、除油池和沉淀池）；（2）生化处理段（单级活性污泥处理工艺：AO＋部分化学除磷）；（3）有机微污染物去除段（在接触反应器和沉淀池内集成粉末活性炭吸附工艺）。

其最大设计处理量约为 34 万吨/天（$4.0m^3/s$），适用于生化段和过滤工艺段。吸附工艺段设计处理量为 17 万吨/天（$2.0m^3/s$）。表 2.1.2 显示了曼海姆污水处理厂对于常规污染指标较好的处理效果，若仅针对常规指标，该污水处理厂无需进行升级改造。

表 2.1.2　德国曼海姆污水处理厂常规指标进出水浓度及去除效率

指标	进水/(mg/L)	出水/(mg/L)	去除率/%
COD	806	16	98
TOC	275	5.7	97.9
总氮(Nges)	62	4.7	92.4
总磷(Pges)	8.49	0.09	98.9

由于考虑到现有的雨水储罐可以作为接触反应罐使用，此方法经济高效，因此该厂决定在 2016 年引入粉状活性炭吸附工艺，最大的挑战是吸附工艺必须集成在生化工艺和现有的过滤工艺段之间。

图 2.1.7 展示了将活性炭吸附工艺集成到曼海姆污水处理厂现有处理工艺的过程示意。在干燥天气和大部分降雨情况下，吸附工艺处理量为年污水量的 85％。仅在暴雨期间才需使用旁路。

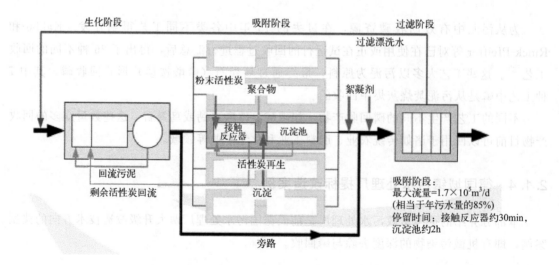

图 2.1.7　活性炭吸附工艺集成于曼海姆污水处理厂现有处理工艺的过程示意

2018 年，曼海姆污水处理厂进行了三项处理设备升级后处理效果测试评估，该评估工作系统全面，详细记录了曼海姆污水处理厂的进水、出水以及生化段出水中多种有机微污染物的浓度。

粉末活性炭的应用主要是为了去除污水中的溶解污染物，因此在污水的溶解水相中亦进行了微污染物分析。另外，针对有机微污染物的去除，需比较可溶相（过滤后水样）在升级前和升级后的浓度指标方才有意义。

在试验过程中，粉末活性炭的投加剂量为 7.2～10.2mg/L。

图 2.1.8～图 2.1.10 显示了曼海姆污水处理厂进水和出水以及二级生化处理出水中所研究的微污染物的浓度，以箱线图及中位数形式表示，并标明了最小和最大检测浓度。此结果是通过分析污染物的不同浓度范围所得。

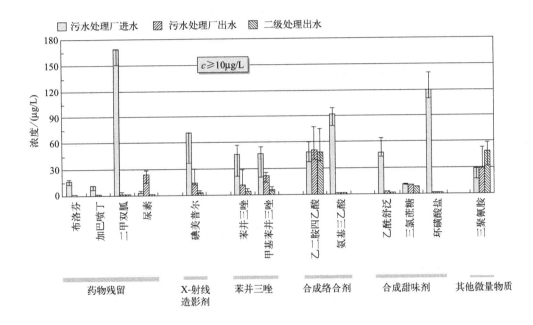

图 2.1.8　已查明德国污水处理厂进水中浓度较高的有机微污染物[9]

图 2.1.8～图 2.1.10 中针对不同的采样点污水样本的评估没有考虑到反应延时的情况。然而，相比之下，所投加的活性炭浓度几乎一致。

令人关注的是所研究的不同类别的有机微污染物在升级改造前后的去除率对比。图 2.1.11 和图 2.1.12 显示了相应的对比统计结果。▨部分表示当前结果，即处理设备升级后的比较测量结果。

根据污水处理厂进出水以及生化段出水的三个采样点，可以计算出生化工艺的去除效果和污水处理厂全面升级改造后的总去除效果。曼海姆污水处理厂在此次升级改造之前，已对重点有机微污染物进行了为期一年多的跟踪监测，以分析原有生化处理工艺段对这些污染物的去除效果。图 2.1.12 中显示的结果除仅通过原有生化工艺的去除效果外，亦包括通过改造后将部分负载的活性炭粉末从吸附工艺回流至生化工艺的联合去除效果。由于无法与未添加活性炭粉末的生化工艺段进行比较，因此无法精准量化活性炭粉末回流至生化段的效果。

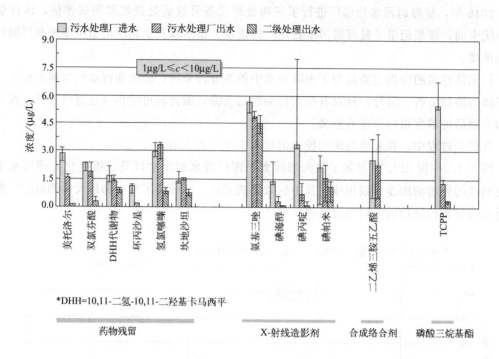

图 2.1.9　已查明德国污水处理厂进水中浓度偏高的有机微污染物[9]

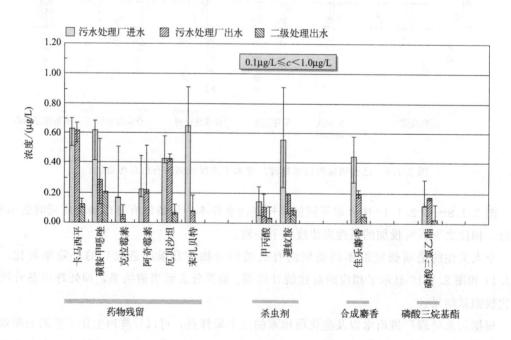

图 2.1.10　已查明德国污水处理厂进水中浓度较低的有机微污染物[9]

　　处理设备升级后两个柱状条显示的结果表明,对于整个污水处理厂,除磺胺甲噁唑外,包括红霉素、卡马西平和多种杀虫剂在内的其他所有有机微污染物在集成活性炭吸附工艺后的去除率均高于仅使用生化工艺(升级改造前),以及改造后生化段结合负荷粉末活性炭回

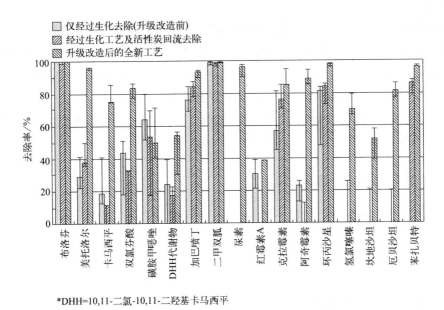

图 2.1.11 曼海姆污水处理厂在改造前后对药物残留处理效果的比对[9]

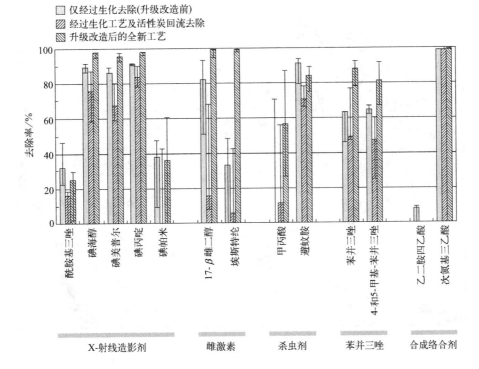

图 2.1.12 曼海姆污水处理厂升级改造后对不同有机微污染物的处理效果比对[9]

流的预期效果。

比较升级前后通过生物处理去除的微污染物，某些污染物的去除率并没有达到预期，尤其是考虑到这是建立在粉末状活性炭回流至生化段的基础上。例如，升级后的 X-射线造影剂在生化段的去除效果不如以往，并且这些物质仅很小程度地从污水中被吸附去除，此结果也表明普通生化段对此类微污染物的去除效果普遍低于三年前[9]。

总而言之，曼海姆污水处理厂经过升级改造后，大多数包括药物残留在内的有机微污染物的去除效率可达 80% 甚至 90% 以上，符合预期效果。

2.1.4.2 德国 ObereLutter 污水处理厂

ObereLutter 污水处理厂于 1967 年启用，主生化段为高负荷生物处理工艺。在 45 年的运行期内共执行了三项升级措施。最近的一项措施于 2011 年实施，即将现有的 10 个絮凝过滤池中的 5 个转化为活性炭过滤装置，以去除有机微量污染物。

该污水处理厂最初设计用于 380000 人口当量，但至今只有约 60% 的污水管网被连接，因此处理厂目前并没有满负荷运转。

污水处理量现状如下：旱季 $Q = 19000 \mathrm{m^3/d}$，雨季 $Q = 60000 \mathrm{m^3/d}$；每小时最大流入量为 $3000 \mathrm{m^3}$。

根据中国标准，该污水处理厂属于规模较小的污水处理厂。

图 2.1.13 显示了该污水处理厂厂址的航拍照片，其中包含各种升级措施的组成部分。

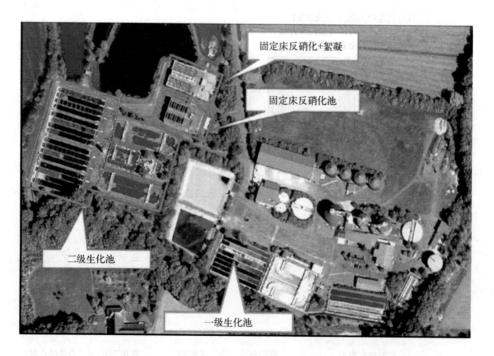

图 2.1.13 经历三次升级改造的德国 ObereLutter 污水处理厂[10]

深度挖掘现有污水处理厂扩容潜能是一种极其经济有效的做法。由于未充分利用污水处理厂的处理能力，该污水处理厂决定将 10 个用于絮凝过滤的原始滤池中的 5 个转换为颗粒活性炭过滤装置。转换后的絮凝过滤池及如图 2.1.14 所示。过滤装置的设计容量允许处理旱季期间流入的全部污水。仅在暴雨且径流量大的情况下，一部分流入水体在絮凝过滤后可直接排入接收水体（未经活性炭过滤）。过滤系统的横截面如图 2.1.15 所示。

图 2.1.14 将 5 个原絮凝过滤工艺转换为活性炭过滤工艺的现场图[10]

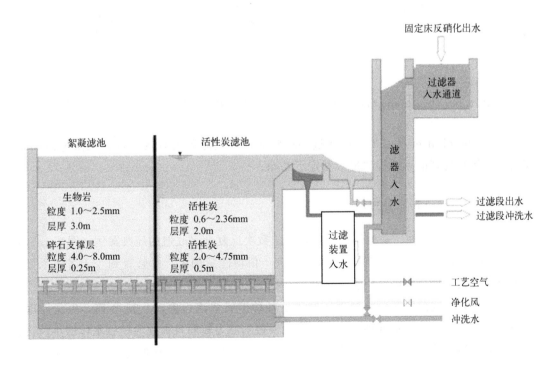

图 2.1.15 过滤系统的横截面示意[10]

在启用活性炭过滤装置的前两年，污水处理厂对各种装料方案进行了研究，以优化最终运行效率。研究既涉及 $2\sim 8m/h$ 的进水变化，也涉及滤池的连续或不连续装料方式。

超过八年的运营经验得出以下最优运行结论：（1）最优平均过滤速度约为 $3.5m/h$；（2）活性炭过滤装置需每周冲洗；（3）在 $12\sim 16$ 个月后需更换或再生已负载的活性炭。

图 2.1.16 显示了活性炭过滤工艺段的去除能力，此工艺对大部分有机微污染物均有良好的去除效果。值得注意的是，此处显示的去除率是在较低滤速（2m/h）的基础上得到的，而经验表明，较高的过滤速度会影响污染物的去除效率。

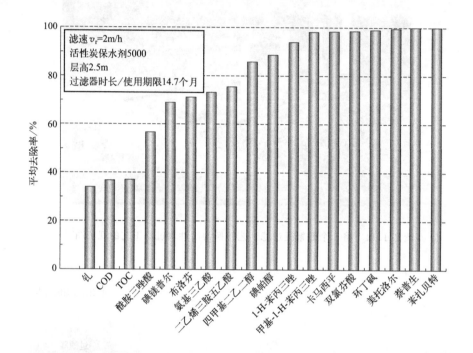

图 2.1.16   ObereLutter 污水处理厂的活性炭过滤装置对部分有机微污染物的去除率[11]

总之，ObereLutter 污水处理厂通过颗粒状活性炭过滤系统有效去除有机微量污染物，为德国市政污水处理的后续提质增效奠定了基础。

2.1.4.3 亚琛 Soers 污水处理厂

亚琛 Soers 污水处理厂是德国污水处理设施数次反复升级改造的经典案例（图 2.1.17）。它于 1913 年作为生物滤池工艺的先驱成功投产。值得注意的是，尽管直到今天各污水处理厂的负荷已大大增加，但该厂仍在正常运行。

第二次世界大战前后，污水处理厂经历了各种扩展和流程更改。30 年前，生化处理工艺发展迅速，但由于此污水处理厂出水排入一条接纳能力较弱且被视为敏感水体的小溪，在中低水位下，污水处理厂的出水所占比例高达 77%。因此，当地环保部门对此污水处理厂设定了极高的出水标准。例如，其出水中的氨氮浓度必须保持 1mg/L 的极低值，而这可通过在主工艺段后设置后置硝化和絮凝过滤工艺段来实现。

图 2.1.17　亚琛 Soers 污水处理厂俯瞰图

在经过数年的试点研究后，作为该厂的最终升级措施，用于去除有机微量污染物的臭氧装置于 2019 年投入运行。臭氧工艺段被集成于现有二沉池和后置硝化池之间。图 2.1.18 为带有臭氧处理装置的污水处理厂工艺流程。

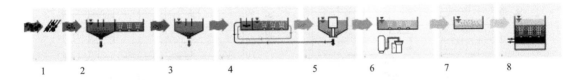

图 2.1.18　亚琛 Soers 污水处理厂工艺流程[12]

1—格栅；2—曝气沉砂池；3—初沉池；4—生化池；5—二沉池；6—臭氧设备；7—后置硝化；8—砂滤

在初步试验的结果基础上，此项目共设计有两个总容量为 2160m³ 的平行臭氧反应器，并配有三台臭氧发生器。旱季工况下（4320m³/h）污水的停留时间为 30min；处理最大流量 10750m³/h 下的停留时间为 12min。

臭氧投加量根据进水中 DOC 浓度确定，在旱季工况平均 DOC 浓度为 7mg/L 的进水情况下，确定的臭氧投加剂量为 0.7gO₃/gDOC，最大流入量确定为 0.5gO₃/gDOC 的特定臭氧剂量。三台臭氧发生器的总产量约为 10.8kgO₃/h。

在该臭氧装置调试过程中，为了探索最经济有效的反应剂量，污水处理厂研究了各种剂量控制策略，发现主导剂量应与待处理污水中 SAK 指数相关，而非处理水量。

图 2.1.19 显示了该污水处理厂新建的臭氧装置及其相关的泵站和液氧罐。

图 2.1.19　亚琛 Soers 污水处理厂的新建臭氧处理单元（带螺旋提升泵站）[12]

图 2.1.20 展示了四种微污染物在不同臭氧剂量下的先期研究成果。三种研究药物的去除率均高于络合剂苯并三唑。出于经济原因，为大规模污水处理厂的运行选择了 $0.5 \sim 0.7 gO_3/gDOC$ 的特定投加剂量。

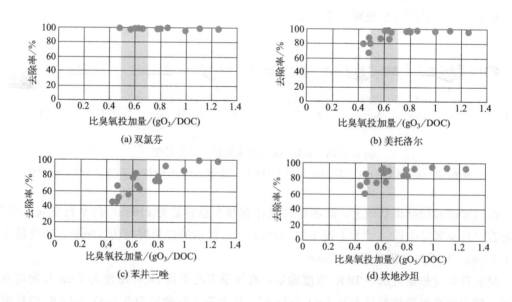

图 2.1.20　亚琛 Soers 污水处理厂的臭氧试点工程中四种有机微量污染物的去除率[13]

2019 年 2 月的运行数据显示，大型臭氧设备出水中，六种有机微量污染物的去除率如图 2.1.21 所示。值得注意的是，尽管五类活性药物成分的去除率均在可观的 70%～100% 之间，但对于络合剂苯并三唑而言，去除率仅为 30%～60%。

图 2.1.21 还显示了不同废水量对去除性能的影响。2019 年 2 月 22 日较低的处理量导

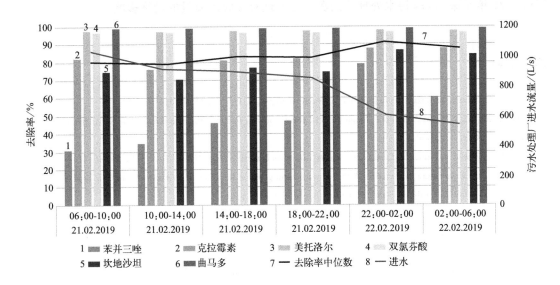

图 2.1.21　亚琛 Soers 污水处理厂大型臭氧装置对不同有机微量污染物的去除率[12]

致去除率显著提高。除氧化有机微污染物外，臭氧还具备强消毒功能。用两种不同的臭氧剂量进行的研究得出了抗药性细菌的去除结果，如图 2.1.22 所示。

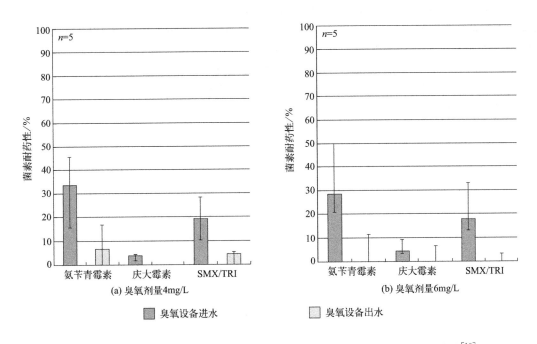

图 2.1.22　亚琛 Soers 污水处理厂的臭氧试点设备中两种臭氧剂量的消毒效果[13]

n—试验次数；SMX—抗磺胺甲噁唑；TRI—甲氧苄啶

　　总体而言，亚琛 Soers 污水处理厂的升级所实现的去除性能对所研究的微污染物和消毒性能而言令人满意。在德国未来的科研框架内，将在高级氧化和消毒副产物方面研究 2020

年和 2021 年亚琛 Soers 污水处理厂的臭氧化处理对接收水质量的最终影响。

参考文献

[1] Montag D. Phosphorrückgwinnung bei der Abwasserreinigung. GWA Bd. 212，2010.

[2] Dohmann，M. 100 years activated sludge process-always new developments，presentation at Kitzbüheler Wassersymposium，2013，Kitzbühl，Austria.

[3] EU. European Environmental Quality Standards Directive. Directive 2008/105/EC and 2013/39/EU.

[4] Keysers，C. Entfernung organischer Mikroverunreinigungen aus kommunalem Abwasser mittels oxidativer und adsorptiver Verfahren im dynamischen Rezirkulationsbetrieb. GWA Bd. 240，2016.

[5] Bergmann A，Fohrmann R，Weber F A. Zusammenstellung von Monitoringdaten zu Umweltkonzentrationen von Arzneimitteln. UBA-Texte Nr. 66/2011.

[6] Pinnekamp J. Abwasserbehandlung der Zukunft. Presentation 20. ATW，2019.

[7] Klaer K. Dimensionierung und Betriebsoptimierung von Anlagen zur Ozonung kommunaler Abwässer zur Spurenstoffelimination und Desinfektion. GWA Bd. 249，2019.

[8] Kabbe C，Rinck-Pfeiffer S. Global Compendium on Phosphorus Recovery from SEwage/Sludge/Ash. GWRC，2019，Australia.

[9] Rößler A，Launay M. Vergleichsmessungen zur Spurenstoffeliminationim Klärwerk Mannheim，KOMS study，2018.

[10] Bruhn G，Alt K. Einfluss industrieller Sondereinleiter auf die weitergehende CSB-und Aktivkohlefiltration des Verbandsklärwerks Obere Lutter，Vortrag VDI-Konferenz，2018.

[11] Alt K. Einsatz von granulierter Aktivkohle zur Elimination von Spurenstoffen. Presentation 2015，Switzerland.

[12] Kohlgrüber V，Brückner I，Pinnekamp J，Reichert J. Spurenstoffelimination in einer großtechnischen Ozonanlage auf der Kläranlage Aachen-Soers. Presentation 20. ATW 2019，Aachen.

[13] Brückner I. Großtechnische Umsetzung einer Ozonung zur Vollstrombehandlung auf der Kläranlage Aachen-Sores. Presentation 2017，Berlin.

2.2　污水再生利用与生物风险控制

报告人:胡洪营，清华大学，教授

2.2.1　污水再生利用和生物风险概述

污水处理厂升级改造的推动力有很多，新污染物（如抗生素及其抗性基因、微塑料）的去除、排放标准的提升等，都是非常重要的推动力。此外，污水处理后的再生利用也是一个非常重要的推动力，即再生水的安全高效利用。根据《"十三五"全国城镇污水处理及再生利用设施建设规划》，规划到 2020 年底，我国城市和县城再生水利用率进一步提高，京津冀地区不低于 30%，缺水城市再生水利用率不低于 20%，其他城市和县城力争达到 15%。在我国缺水问题日益加重的背景下，污水再生利用可有效缓解我国水资源匮乏的问题。缺水也是一个全球性的问题，特别是"一带一路"国家，大部分都是缺水地区，中国的污水处理和再生利用经验可以直接为"一带一路"国家提供借鉴。

污水再生利用区别于污水处理达标排放，其基本组成如图 2.2.1 所示，由再生水水源、再生水处理系统、再生水存储和分配、用户组成。污水再生利用系统具有污水处理系统和供水系统的特征，但又不同于二者，概括来说，污水再生利用是以污水为水源，生产可供完全使用的水源。在特征上，污水再生利用与污水处理系统和供水系统具有"两像两不像"的特点（图 2.2.2）。较污水处理系统，其处理水作为"产品"有特定的用户，也有储存和收费环节，污水再生利用的要求也区别于污水达标排放；相较于传统的供水处理系统，其水源更为复杂，不同的利用方式需要不同的水质要求，导致污水再生利用系统的设计和运行也更为复杂。

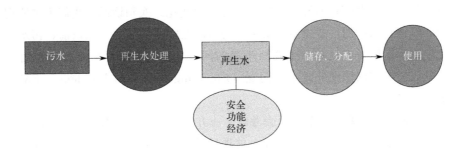

图 2.2.1　污水再生利用系统基本组成

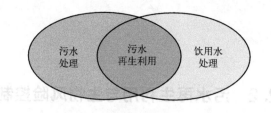

图 2.2.2　污水再生利用系统的特征

再生水水源和工艺设计运行的复杂性，使水质安全面临更严峻的挑战。再生水中需关注的污染物有致病微生物、溶解性有机物、微量有毒有害污染物（如消毒副产物、持久性污染物、内分泌干扰物）和营养型污染物（氮、磷）。其中，微生物的风险是首先需要关注的，微生物致病、感染的概率很高，致病剂量也很低，引发潜在风险的时间也非常快，因此是优先需要关注的风险。图 2.2.3 为再生水的深度处理工艺的风险类型。

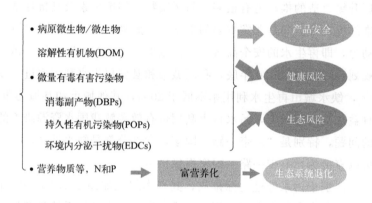

图 2.2.3　再生水的深度处理工艺的风险类型

为了控制生物风险，污水一般要经过生物法、混凝沉淀、高级氧化（AOPs）以及超滤反渗透（UF/RO）等工艺处理后得到再生水，再生水处理过程中消毒是必不可少的环节，膜过滤、混凝沉淀之后都需要消毒（图 2.2.4）。一般而言，AOPs 和 UF/RO 处理后的再生水水质会有量的变化，即水中污染物和微生物的含量/数量会有大幅减少，水质会有所提升，最终达到排放标准。但是在量变的过程中，污染物有没有质的变化，即水中溶解性有机物的结构有没有发生变化，微生物的群落结构有没有发生变化。换句话说，我们不可能把所有的细菌都杀死，残留在水中的这些微生物所带来的风险是需要关注的。在以前，污水达标后就直排到环境中，不需要考虑这些微生物所带来的问题，但如果处理后要再生利用就不一样了，有一些新兴的未被认识到的微生物问题（Emerging Microbial Problems，EMPs）需要全面的考虑。

我们认为，EMPs 需要从两个方面去考虑。一方面，通过污水深度处理、消毒这些方式处理后得到的再生水是否安全？另一方面，处理后是否安全应该如何来评价？我们需要一个和原来不一样的评价标准，包括微生物和溶解性有机物的生态风险、健康风险和毒害副产物生成问题等。本部分主要就一些典型的微生物风险问题进行探讨，并对污水再生利用与生物风险控制策略进行展望。

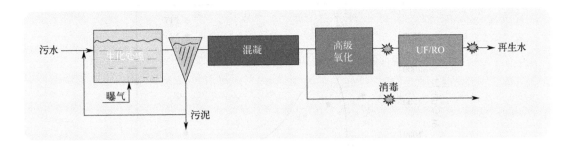

图 2.2.4　再生水的深度处理工艺

2.2.2　微生物再生长与生物稳定性

关于微生物再生长问题与生物稳定性，生物稳定性是指异养细菌的生长潜力，这种生长潜力由再生水中营养物所决定。生物稳定性的概念在饮用水中应用很多，在污水和再生水领域应用较少，如果要用在再生水中，那么所谓生物稳定性是再生水能够支撑微生物生长的潜势，支撑微生物生长的潜势越高，稳定性越差。生物稳定性对于水质安全至关重要，控制微生物再生、提高生物稳定性是再生水水质安全的有效保障。

生物稳定性如何来评价，常用的评价方法有细菌生长分析 [细菌再生长潜力（BRP）、生物膜生成速率（BFR）]、有机碳分析 [生物可同化有机碳（AOC）、可生物降解的溶解性有机碳（BDOC）]、磷的分析 [微生物可利用磷（MAP）]。其中，AOC 分析是最常用的评价方法，AOC 是指生物可同化的碳，AOC 含量越高，证明水中生长细菌的可能性就更大。

饮用水中 AOC 指标主要分析的菌株是 *Pseudomonas fluorescens* P17 和 *Spirillum sp.* NOX，用这两种菌去测再生水中的 AOC，结果如图 2.2.5 所示。图中横坐标是溶解性有机物（DOC）的浓度，一般来讲，DOC 越高意味着有机物的浓度增加，AOC 也会随之增大，再生水的结果显示 DOC 升高了，AOC 增高后有所下降，因此，饮用水 AOC 指标直接用于再生水显然是不合适的。所以，我们对 AOC 指标进行优化，分离出了适用于再生水的菌株，分离出了 *Enterobacter sp.* G6、*Stenotroph-omonas sp.* ZJ2 和 *Pseudomonas saponiphila* G3（图 2.2.6），并对接种条件进行了优化[1]。

2.2.3　混凝对再生水生物稳定性的影响

利用分离出的做 AOC 分析的菌株，我们分析了混凝沉淀前后再生水中 AOC 指标，以评价混凝沉淀对再生水生物稳定性的影响。试验结果表明（图 2.2.7），混凝沉淀后再生水 AOC 指标有所升高，我们又做了大量的试验，大量的数据表明混凝沉淀后，有机物含量降低，但处理水的生物稳定性反而降低[2]。用三株菌是这种结果，事实上用其他菌株做出来也是这种结果，说明这种现象并不是偶然现象，这种结果不同于我们以前的认知。为什么会出现这种情况呢？考虑到整个混凝沉淀过程没有新的物质组分生成，据此推测去除的一些物

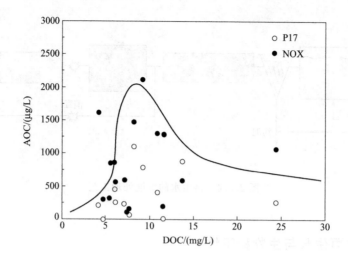

图 2.2.5 再生水中 P17 和 NOX 菌株的 AOC

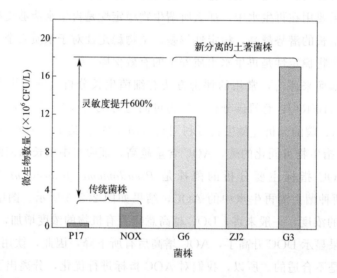

图 2.2.6 分离出的 G6、ZJ2 和 G3 菌株

质引起了生物稳定性的变化。

为了进一步探明混凝处理后 AOC 升高的机理，对混凝处理前后溶解性有机物的分子量分布进行分析，发现混凝处理后分子量>10kDa 的组分被有效去除（图 2.2.8）。据此认为，混凝处理后大分子溶解性物质被去除，大分子溶解性有机物对微生物的抑制作用解除，导致 AOC 有所升高。为了验证这种假设，我们通过向体系中投加>10kDa 的溶解性有机物，初步发现投加后微生物的生长量大幅降低，证实了大分子溶解性有机物对微生物抑制作用的存在（图 2.2.9）。我们把混凝后再生水中<1kDa 的组分分离出来，然后把>10kDa 的组分加到水样中，也发现加入>10kDa 组分有机物后，AOC 同样有所降低，也就进一步证实了我们的猜想。因此，二级出水中大分子溶解性有机物可以抑制微生物的生长，混凝沉淀过程大

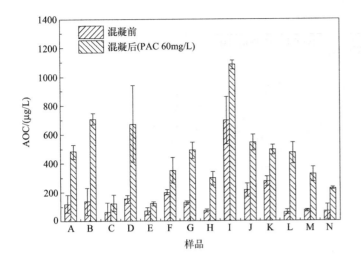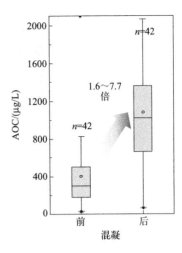

图 2.2.7　再生水混凝前后的 AOC 分析

n—试验次数；PAC—聚合氯化铝

部分大分子溶解性有机物被去除，对微生物的抑制作用解除，AOC 浓度升高，生物稳定性降低[2]。假如混凝沉淀后处理水进入再生水管网，在储存和利用的过程中，细菌可能生长，所带来的风险值得关注。

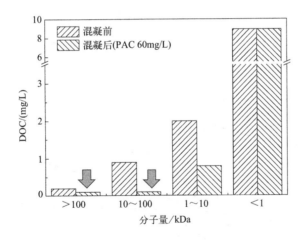

图 2.2.8　混凝处理前后水样的分子量变化

2.2.4　臭氧对再生水生物稳定性的影响

我们还分析了不同臭氧投加剂量处理前后再生水中 AOC 指标的变化情况，评价了臭氧氧化对再生水生物稳定性的影响。试验结果表明（图 2.2.10），臭氧氧化处理后，再生水的 AOC 指标均有所升高，且随着臭氧投量的增加，AOC 升高程度逐渐增加，说明臭氧氧化后再生水生物稳定性有所降低。一般而言，臭氧氧化处理会将水中大分子溶解性有机物降解为小分子溶解性有机物，即这个过程中大分子溶解性有机物含量有所降低，小分子溶解性有机

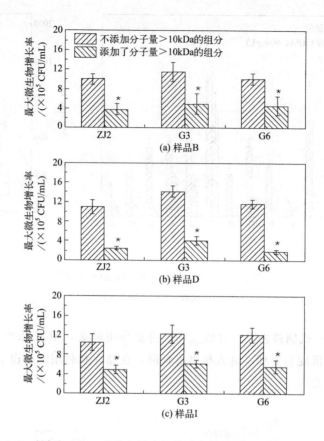

图 2.2.9　投加＞10kDa 的溶解性有机物对水样微生物再生长指标的影响

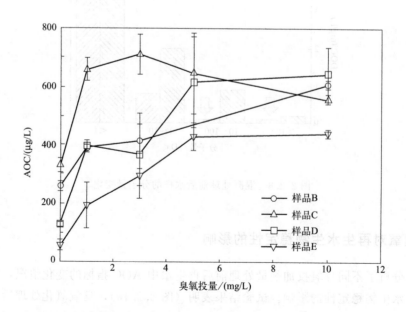

图 2.2.10　臭氧处理前后水样的 AOC 分析

物有所增多。那么大分子溶解性有机物的分解和小分子溶解性有机物的增加，哪个是 AOC 升高的主要原因呢？通过对水样不同分子量的组分进行分离，研究臭氧处理后不同分子量组分水样的 AOC（图 2.2.11），发现小分子溶解性有机物组分的水样在臭氧处理前后 AOC 变化较小，也就是说小分子溶解性有机物对 AOC 升高的贡献较小，臭氧处理后 AOC 升高主要还是由大分子溶解性有机物分解所致[3]。除了臭氧处理方式，我们也研究了其他几种处理方式，如混凝沉淀、氯消毒和超滤等处理后 AOC 的变化（图 2.2.12），发现超滤和微滤处理后 AOC 几乎没有升高，这些结果为我们从安全角度如何合理选择处理方式具有指导意义[4]。

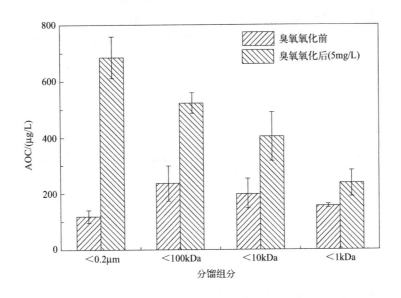

图 2.2.11　臭氧处理前后不同分子量组分水样的 AOC

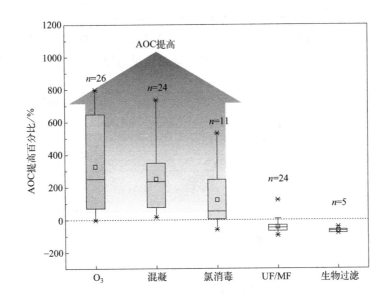

图 2.2.12　不同再生水处理方式的水样 AOC

n—试验次数

2.2.5　反渗透过程中生物污染问题

　　膜法［如反渗透（RO）］是污水再生利用常用的深度处理工艺，生物污染是膜法废水资源化的主要挑战，RO 膜污染分类如图 2.2.13 所示，包括胶体污染、无机污染、有机污染和生物污染，其中细菌污染会通过分泌胞外产物加重有机物污染，有机物污染同样也会因被微生物吸收增加生物污染的风险。目前膜生物污染的主要控制策略是消毒预处理（如氯消毒）和添加抑菌剂。但是，消毒预处理究竟能否控制反渗透的膜污染问题？一方面，消毒和杀菌处理对微生物群落结构和分泌产物的影响一直以来被忽略了；另一方面，实际运行中，一些企业在使用氯消毒作为控制膜污染的预处理手段时，发现氯消毒后 RO 膜反而出现了堵塞更加严重的现象。

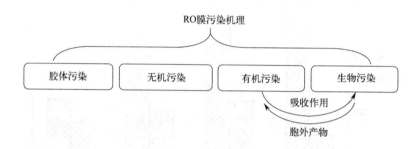

图 2.2.13　RO 膜的膜污染机制

　　针对氯消毒加重了 RO 膜的生物污染这一现象，我们开展了一系列试验。首先考察了氯消毒预处理对 RO 膜通量的影响，结果如图 2.2.14 所示，发现随着氯投量的增加（0～15mgCl₂/L），RO 膜通量降低程度越来越大，也就是说氯消毒加重了 RO 膜的污染。进一步考察不同氯投量预处理后 RO 膜的特征（图 2.2.15），发现氯消毒后 RO 膜上微生物的总数没有明显变化，但分泌的有机物（EPS）随氯投量的增加呈增加趋势，也就是说氯投量的

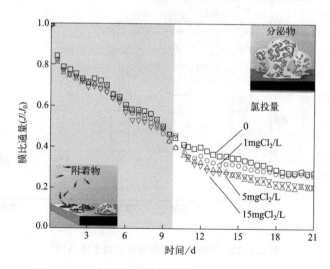

图 2.2.14　氯消毒过程不同氯投量对膜通量的影响

增加使得 EPS 有所增加。我们对膜面污染层的厚度也进行了分析（图 2.2.16），发现污染层的厚度随氯投量的提高也有一定程度的增加，15mgCl$_2$/L 氯消毒后膜面污染层的厚度增加到 0.53μm（无氯消毒预处理时厚度 0.13μm），即氯消毒后 EPS 增加，导致膜面污染层增厚[5]。

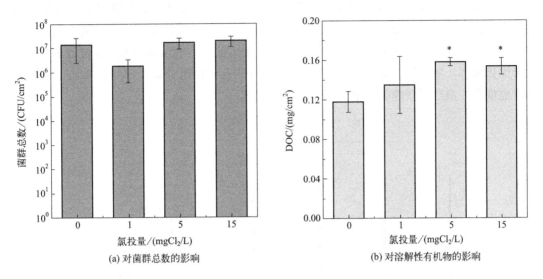

(a) 对菌群总数的影响　　(b) 对溶解性有机物的影响

图 2.2.15　不同氯投量对菌群总数和溶解性有机物的影响

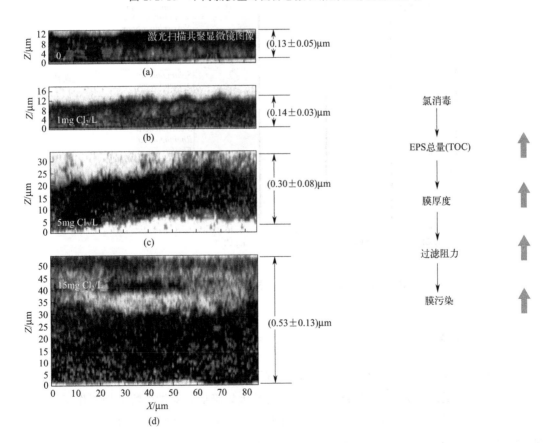

图 2.2.16　氯消毒过程不同氯投量对后续反渗透膜面污染层厚度的影响

Z—断面厚度；X—断面长度

那么，为什么会出现这种现象？我们对膜面污染层的群落结构进行分析（图 2.2.17），发现氯消毒之后，微生物的群落结构发生变化，氯抗性菌的数量有所升高。分别培养不同的菌研究对 RO 膜通量的影响，发现不同的细菌导致的膜通量表现出明显的差异。进一步分析不同菌种的 EPS，发现氯抗性菌分泌的有机物量更大，且大分子的有机组分含量高，这是氯消毒导致 RO 膜污染加重的主要原因（图 2.2.18）[6]。对上述发现进行总结，未消毒时水样中的菌包括一般菌种和氯抗性菌，氯消毒过程把大部分一般菌种杀灭，氯抗性菌存活下来成为优势菌群，氯抗性菌分泌的 EPS 多，且大分子有机物组分含量高，污染层中黏稠状的物质也就多，最终导致膜染污更严重。

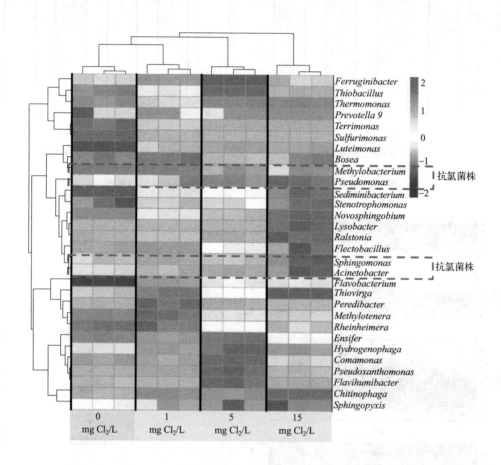

图 2.2.17　氯消毒过程后水样微生物群落结构分析

2.2.6　总结与展望

由于对再生水进行了深度处理和消毒，出现了新的微生物问题：（1）二级出水经过深度处理和臭氧氧化处理后，大分子溶解性有机物含量大幅降低，对微生物的抑制作用解除，导致微生物再生长的潜力升高；（2）氯消毒预处理后，RO 膜的生物污染加重，氯消毒后存活的氯抗性菌的 EPS 产量更高，且 EPS 中大分子组分含量也更高。

未来需要建立再生水安全性评价的综合方法，将化学分析与生物毒性和生物稳定性分析

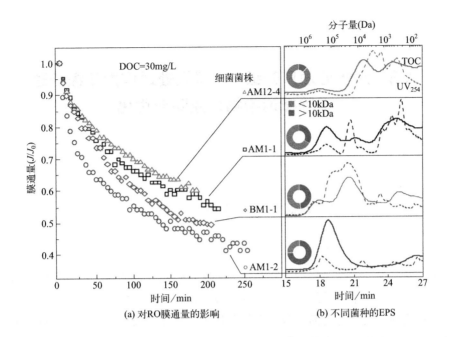

图 2.2.18　分别培养不同的菌对 RO 膜通量的影响及不同菌种的 EPS

相结合，并对现有技术进行全面的再评价和优化，发展新的预处理技术以应对风险物质和风险微生物。

参考文献

［1］　Zhao X, Hu H Y, Liu S M, et al. Improvement of the assimilable organic carbon （AOC） analytical method for reclaimed water. Frontiers of Environmental Science & Engineering, 2013, 7（4）: 483-491.

［2］　Zhao X, Huang H, Hu H Y, Su C, et al. Increase of microbial growth potential in municipal secondary effluent by coagulation. Chemosphere, 2014, 109: 14-19.

［3］　Zhao X, Hu H Y, Yu T, et al. Effect of different molecular weight organic components on the increase of microbial growth potential of secondary effluent by ozonation. Journal of Environmental Sciences, 2014, 26（11）: 2190-2197.

［4］　Chen Z, Yu T, Ngo H H, et al. Assimilable organic carbon （AOC） variation in reclaimed water: Insight on biological stability evaluation and control for sustainable water reuse. Bioresource Technology, 2018, 254: 290-299.

［5］　Wang Y H, Wu Y H, Tong X, et al. Chlorine disinfection significantly aggravated the biofouling of reverse osmosis membrane used for municipal wastewater reclamation. Water Research, 2019, 154: 246-257.

［6］　Yu T, Sun H, Chen Z, et al. Different bacterial species and their extracellular polymeric substances （EPSs） significantly affected reverse osmosis （RO） membrane fouling potentials in wastewater reclamation. Science of the Total Environment, 2018, 644: 486-493.

本报告内容完成人：胡洪营，巫寅虎，陈卓。

2.3　污水处理厂升级——臭氧处理作为三级处理
去除微污染物：监测与优化

报告人：Stijn Van Hulle，比利时根特大学，教授

环境中微污染物的来源广泛，在世界各地的地表水、地下水、自来水以及饮用水中都检测到含有大量性质不同的微污染物。微污染物来源包括农业中的杀虫剂、市政污水中街道地表径流等，环境中微污染物质最主要的来源也包括污水处理厂的出水。

微污染物质种类之一为药品，包括常规药物中的止痛药成分双氯芬酸（Diclofenac）。根特大学要求周五早上检测水中的双氯芬酸物质，一般周四晚上是学生的聚会时间，因此周五会在废水中检测到大量双氯芬酸，另外还包括如动物使用的抗生素药物氟甲喹（Flumequine）和人类使用的抗生素药物甲氧苄啶（Trimethoprim）。图 2.3.1 为微污染物-药品类型示例。

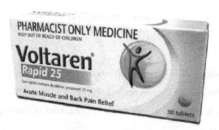

(a) 双氯氛酸(止疼药)

(b) 氟甲喹(抗生素)

(c) 甲氧苄氨嘧啶(抗生素)

图 2.3.1　微污染物-药品类型示例

对于微污染物的浓度问题，课题组调研了比利时多个污水处理厂的出水水质，发现污水处理厂出水中含有各种不同组分的微量有机污染物（trace organic contaminants，TrOCs），浓度范围非常广泛，从 1ng/L 到 1000ng/L，污染物浓度与奥运会游泳场馆水质要求相似，可以看出浓度非常低，因此这些物质被称为微污染物。图 2.3.2 为污水处理厂出水中 22 种微量有机污染物的浓度分布。

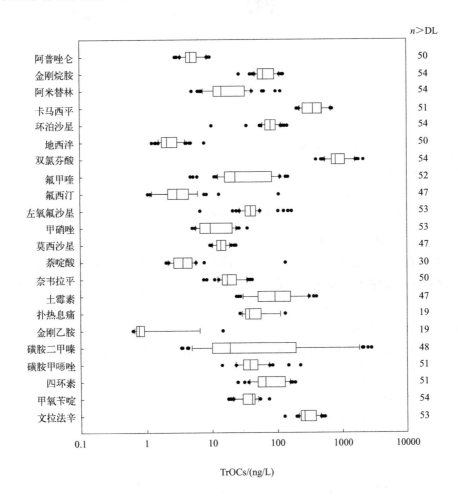

图 2.3.2　污水处理厂出水中 22 种微量有机污染物的浓度分布[1]

n—试验次数；DL—基准面（Data Level）

去除微污染物的技术方案很多，包括三级处理的臭氧氧化技术，臭氧氧化技术目前已经广泛应用于污水处理，主要在于臭氧投加方式、投加量控制以及如何监测微污染物的去除情况。臭氧处理去除微污染物的反应机理如图2.3.3所示，臭氧在水体中通过链式反应产生氧化性极强的羟基自由基（·OH），一部分·OH用于氧化微污染物，一部分被复杂的有机物所捕获，因此测定有机物与·OH反应的速率常数以及分析有机物在臭氧链式反应中所起的作用，可以预测水体对·OH捕获能力进而优化氧化工艺。

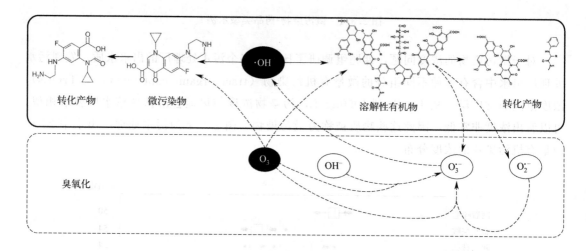

图2.3.3　臭氧处理微污染物机理过程

课题组调研发现在美国和欧洲很多污水处理厂已经采用臭氧氧化工艺，并且数量在不断增加。然而臭氧氧化工艺应用的目的有所不同，在美国臭氧氧化工艺的主要目的是消毒作用，而在欧洲主要是为了去除 TrOCs。

对于数以百种的微污染物监测，假如采用实验室的常规检测方法，其主要问题在于检测耗费时间长、检测费用价格昂贵。

紫外吸光度随着微量有机物污染物的去除而降低。常见紫外光谱波长范围为 $200\sim400\mathrm{nm}$，我们重点关注 254nm 波长处的紫外吸收，UV_{254} 是衡量水中有机物的一项重要控制参数，文献显示 UV_{254} 与有机物去除有着很好的线性相关性。因此，测量 UV_{254} 吸收可以反映微污染物的去除情况（图2.3.4）。

通过在反应器中添加不同量已知浓度臭氧原液来控制臭氧用量来进行小试试验，分析和优化将臭氧与紫外线结合降解不同来源的微污染物[2]。根据微污染物的水溶性、臭氧反应性等条件从 40 种微污染物中选取 9 种典型物质作为研究对象，进行"蝴蝶效应"的小试试验研究。基于 UVA_{254} 和荧光替代物，提出了用于实时监测和控制臭氧去除 TrOCs 的相关模型。不同微量有机污染物的去除率与 UV_{254} 去除率的关系如图2.3.5所示。TrOCs 的减少模式具有弯曲的形状，总体呈现蝴蝶翅膀的形状。蝴蝶翅膀的左上边翼是具有较高 k_{O_3} 的一组化合物（双氯芬酸、左氧氟沙星和甲氧苄啶），在 $25\%\Delta\mathrm{UVA}_{254}$ 下显示完全去除，蝴蝶翅膀右下边翼是具有较低 k_{O_3} 的一组化合物（金刚烷胺、氟甲喹和甲硝唑）在 $\Delta\mathrm{UVA}_{254}$ 最大值 47% 时还未完全去除。

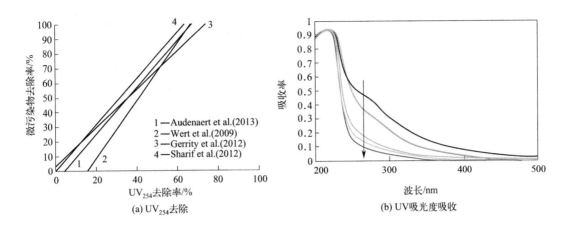

图 2.3.4　微污染物去除与 UV 吸光度吸收

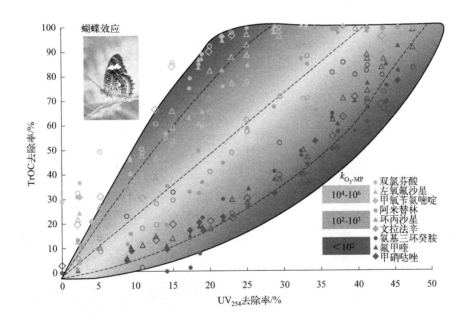

图 2.3.5　不同微量有机污染物的去除率与 UV$_{254}$ 去除率的关系

TrOCs 的减少模式受 TrOCs 对臭氧和·OH 自由基的反应性控制。图 2.3.6 显示，整个反应被分为两个不同的反应相，可以获得单独的线性相关性，第一个阶段主要是臭氧控制，臭氧的反应性越高，log(k_{O_3}-TrOC) 的斜率越大，第二个阶段更多地与·OH 反应有关。

不同类型的有机物可与三维荧光光谱相关联，通过分析三维荧光光谱峰谱图可以分析水中不同疏水性的富里酸（fulvic acid）、胡敏酸（humic acid）和蛋白质的浓度（图 2.3.7）。基于荧光替代参数可以实现相同控制的"昆虫翅膀"效应，但控制面积更大（大于 80% 而不是大于 50%）。

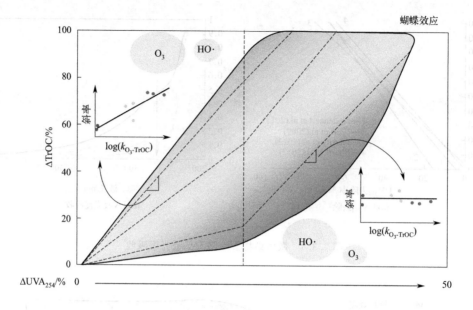

图 2.3.6　微量有机污染物的变化与 UV_{254} 去除率变化关系[3]

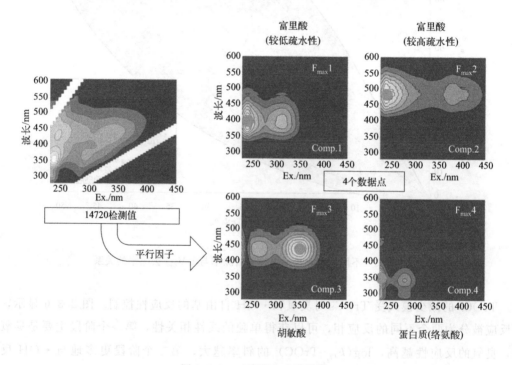

图 2.3.7　三维荧光光谱结果

　　基于 UVA_{254} 和荧光替代参数并考虑动力学信息而开发的稳健臭氧化相关模型已在中试规模应用。中试装置如图 2.3.8 所示。$\Delta TrOCs$ 和替代物之间的变形相关模型仅使用臭氧的二阶反应速率常数（k_{O_3}）来预测 TrOCs 的去除。

图 2.3.8　中试装置图

中试结果显示，水力停留时间大于 10min 时出水中没有溶解性的臭氧，UVA_{254} 通过一个传感器不间断地测量，UVA_{254} 的定位点为 25% 和 40%，不同浓度的微污染与 UVA_{254} 在两个定位点的去除率都表现出良好的预测性[4]（图 2.3.9）。下一步计划将模型应用到实际水厂中，可能面临的主要问题是传感器的日常维护和错误信号。

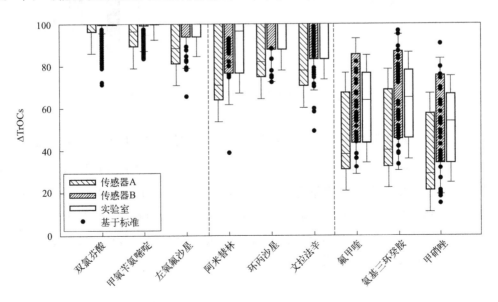

图 2.3.9　基于 UVA_{254} 测量以及实验室传感器的 TrOCs 的预测范围

成本方面通过流量分配、溶解性有机碳（DOC）剂量以及基于 UVA_{254} 模型三种方式监测的臭氧投加量比较，前两种投加方式的成本比基于 UVA_{254} 模型投加臭氧的方式高 11% 和 22%[5]。预计通过基于 UVA_{254} 模型投加臭氧的方式，污水处理厂可以节约 5 万欧元的成本，且稳定性更好。因此，替代物与微污染物的关联性是有效的，UVA_{254} 可以用来控制臭氧化同时降低运行成本。

虽然臭氧化是去除 TrOCs 和提高城市污水处理厂出水水质的有效方法，然而，由于废水基质、臭氧剂量设计和耐臭氧化合物的多样性，臭氧工艺的广泛应用仍然具有挑战性。臭氧工艺可以通过与前置和后置过滤相结合优化去除 TrOCs。如图 2.3.10 所示，通过生物处理结合臭氧以及随后并行使用两个生物过滤器或颗粒活性炭过滤器来去除微污染物。

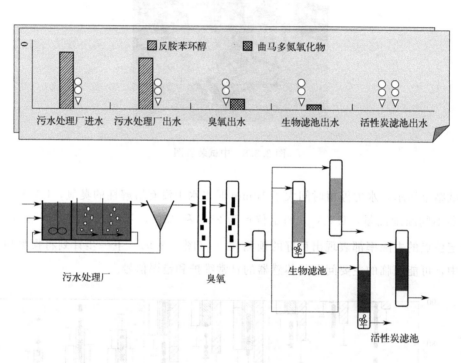

图 2.3.10　臭氧与后置过滤器结合去除微污染物[6]

臭氧对有机物的去除效果与水中还原性无机物的含量有关，DOC、亚硝酸盐（NO_2^-）和碱度（主要是 CO_3^{2-}）是出水基质中存在的主要成分。对于臭氧前置预氧化工艺，其主要问题在于臭氧不仅与微污染物作用反应，还会与 DOC、NO_2^-、CO_3^{2-} 发生反应，这会增加臭氧的投加消耗量。因此，研究了在不同强化臭氧处理过程中去除这些 ·OH 清除剂的情况（图 2.3.11）。总体而言，经过臭氧化和强化臭氧化后，出水水质明显改善，并且观察到主要 ·OH 清除剂被去除，·OH 清除率的结果可以进一步用于 TrOCs 去除的预测。

臭氧可与组合过滤-臭氧系统去除 TrOCs，课题组研究了臭氧化和组合过滤-臭氧系统过程中流出物中 TrOCs 的去除效率，结果显示在臭氧化之前添加过滤步骤可以去除 TrOCs，

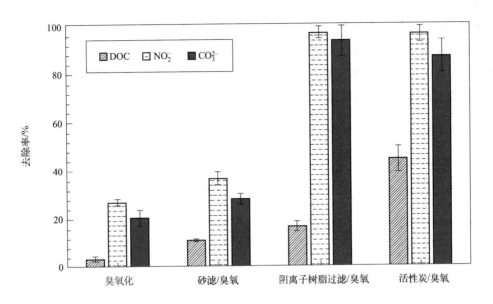

图 2.3.11　臭氧与过滤相结合去除相结合去除 DOC、NO_2^- 以及 CO_3^{2-} [7]

在相同的臭氧投量下，通过增强臭氧作用，所有选定的 TrOCs 的降解效率均明显提高（图 2.3.12）。

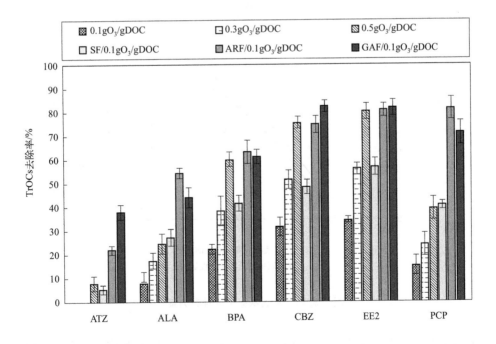

图 2.3.12　不同臭氧投量下臭氧化和过滤-臭氧联合处理后废水中 TrOCs 的去除情况 [7]

SF—砂滤；ARF—阴离子树脂过滤；GAF—活性炭；ATZ—阿特拉津；ALA—甲草胺；
BPA—双酚 A；CBZ—卡马西平；EE2—17α-乙基甲二醇；PCP—戊二醇

　　进一步研究臭氧化过程中额外过滤对 TrOCs 去除的影响,结果显示·OH 暴露与特定臭氧投量呈现一定的函数关系(图 2.3.13)。额外的过滤促进了·OH 暴露并改善了臭氧化。臭氧通过非自由基机制与·OH 清除剂发生反应,因此反应过程中不会形成·OH。臭氧的消耗降低了目标污染物降解的臭氧利用率,同时降低了·OH 暴露量,臭氧暴露量以对数形式随着臭氧投量的增加而显著增加。

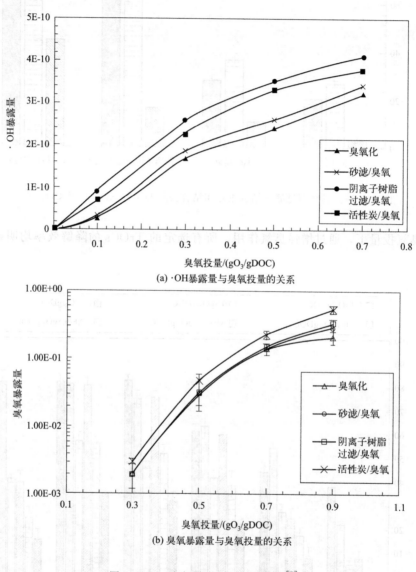

(a)·OH暴露量与臭氧投量的关系

(b) 臭氧暴露量与臭氧投量的关系

图 2.3.13　臭氧暴露量的对数关系[7]

　　预测臭氧化和强化臭氧化的 TrOCs 消除效率。通过使用上述确定的臭氧和·OH 暴露量,预测了所选 TrOCs 用于臭氧化和强化臭氧化的去除率。如图 2.3.14 所示,测量和预测的 TrOCs 去除率表现出一定的线性相关性。因此,使用臭氧和·OH 暴露及其二阶速率动力学的方法与目标污染物的结合可以被视为预测二级出水污染物减少的可行替代方案。

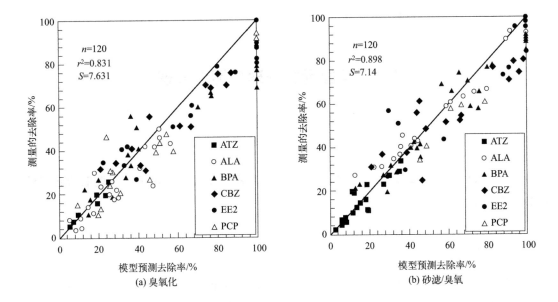

图 2.3.14　测量和预测的 TrOCs 去除率对比[7]

ATZ—阿特拉津；ALA—甲草胺；BPA—双酚 A；CBZ—卡马西平；EE2—17α-乙基甲二醇；PCP—戊二醇

参考文献

[1]　Chys M, Demeestere K, Nopens I, et al. Municipal wastewater effluent characterization and variability analysis in view of an ozone dose control strategy during tertiary treatment: the status in Belgium. Science of the Total Environment, 2018, 625: 1198-1207.

[2]　Liu Ze, Hosseinzadeh S, Wardenier N, et al. Combining ozone with UV and H_2O_2 for the degradation of micropollutants from different origins: lab-scale analysis and optimization. Environmental Technology, 2019, 40 (28): 3773-3782.

[3]　Chys M, Audenaert W, Deniere E, et al. Surrogate-based correlation models in view of real-time control of ozonation of secondary treated municipal wastewater-model development and dynamic validation. Environmental Science & Technology, 2017, 51 (24): 14233-14243.

[4]　Chys M, Audenaert W, Vangrinsven J, et al. Dynamic validation of online applied and surrogate-based models for tertiary ozonation on pilot-scale. Chemosphere, 2018, 196: 494-501.

[5]　Chys M, Audenaert W, Stapel H, et al. Techno-economic assessment of surrogate-based real-time control and monitoring of secondary effluent ozonation at pilot scale. Chemical Engineering Journal, 2018, 352: 431-440.

[6]　Knopp G, Prasse C, Ternes T A, Cornel P. Elimination of micropollutants and transformation products from a wastewater treatment plant effluent through pilot scale ozonation followed by various activated carbon and biological filters. Water Research, 2016, 100: 580-592.

[7]　Liu Z, Demeestere K, Van Hulle S. Enhanced ozonation of trace organic contaminants in municipal wastewater plant effluent by adding a preceding filtration step: comparison and prediction of removal efficiency. ACS Sustainable Chemistry & Engineering, 2019, 7 (17): 14661-14668.

2.4　美国污水处理厂污泥管理

报告人：Chein-Chi Chang，美国华盛顿特区水务局高级工程师、美国水环境联合会流域管理委员会主席

2.4.1　背景介绍

在美国，生物固体处理一直以来都是一个难题，为避免造成二次土壤污染，生物固体不可以直接应用于土地改良。因此，进行生物固体管理是非常有必要的。许多大城市里，生物固体一直以来都是统一管理的。在介绍相关管理技术之前，首先介绍两个相关的专业术语：污水处理过程和固体处理过程。污水处理过程一般包括预处理、初级处理、二级处理、深度处理、多技术联合处理和消毒处理等步骤。固体处理过程中应首先了解污泥的来源，主要包括初沉池污泥、二沉池污泥和深度水处理后产生的污泥。对这些污泥的处理方式包括浓缩、脱水、消化和干化等。要根据污泥来源的不同，合理选择适当的污泥处理方式，并对这些方式进行耦联。

因此，了解清楚污水处理方式及其中污泥的产生方式是非常重要的，这也是研究者和专业咨询公司所重点关注的地方。我们要考虑可能产生污泥的过程，研究不同的污泥处理方法，并进行合理选择。

污泥（sludge）和生物固体（biosolid）在英语语境中是有一定区别的。污泥是一种半固体的泥浆，是废水处理、饮用水处理以及其他工业处理过程中产生的一种悬浮物，是没有经过有价值处理的微生物聚集体。一般有初沉池污泥、二沉池污泥和活性污泥。而生物固体通常是指从生活污水处理过程中产生的，含有大量营养物质的微生物聚集体。处理后这些生物固体可以被回收利用，也可以被用作肥料维持土壤的肥性以及促进植物生长。

2.4.2　生物固体管理

生物固体管理包括研究生物固体的产生过程，以及寻求生物固体安全、环保的处理方法。通过对生物固体的有效利用，促进环境的可持续发展，比如发电以及其他对社会负责任的处理方式。在美国，一般由城市公共事业机构负责生物固体管理咨询工作。

美国生物固体管理的法规条例是以 1987 年《清洁水法》修正案提出的要求，以及 1993 年 2 月 19 日发布在联邦公报（58 FR9248 至 9404）中，并于 1993 年 3 月 22 日生效的联邦法规（CFR）的第 40 篇，第 503 部分污水污泥的使用或处置标准为依据的。该生物固体法规主要包括以下几个议题。

（1）土地利用。指将生物固体进行堆肥、厌氧消化等杀菌操作，再应用于土地，改良土壤肥力。目前，美国生物固体的土地利用正面临巨大挑战。法规中依据病原体浓度，将污泥处理后分为 A、B 两类生物固体。在美国，生物固体的土地利用规定由州政府制定，但是大部分州政府允许 A 类生物固体的利用，而对 B 类生物固体的利用有极大限制。因此，大约从 1999 年开始，各州污水处理机构开始研究更好地产出 A 类生物固体的方法。

① A 类生物固体：必须同时从处理效果和处理工艺上达到杀灭病原体的标准。此类生物固体可以应用于农业。

② B 类生物固体：表示含有一定量的细菌。这种生物固体大多数是不允许直接利用的。

（2）地表处置。指将生物固体填埋，这在美国许多地区也是有所限制的，并且需要考虑污泥的产生过程。

（3）减少病原体和对病媒的吸引。这是针对污泥的无害化处理。病原体是指能够引发疾病的生物，比如某些细菌、病毒和寄生虫。

病媒，也称生物传播媒介，是指可能携带病原体的动物，如老鼠、苍蝇、蚊子、鸟类等容易被生污泥吸引的生物。减少生污泥对病媒的吸引就减少了病原体向人类或其他可能的寄主（植物或动物）传播的可能性。

（4）焚化法。焚化法是将生物固体干化后，在空气中燃烧的处理方法。焚化后的灰分可进行堆肥。但是由于考虑到空气污染问题，自 1999 年起，开始采用消化法代替焚化法对生物固体进行处理，再进行堆肥。

2.4.3　对生物固体处理处置的再思考

2.4.3.1　生物固体资源回收

生物固体资源回收是针对特定用途或能源选择性提取处置的生物固体，以便从生物固体中获取最大收益并减少产生的生物固体废物量。

目前在美国，越来越多的污水处理厂开始进行生物固体资源回收。就像其他资源回收一样，我们可以从污水中回收碳和氮等营养元素。同时，我们还希望从污泥中回收能量。现在，我们主要采用厌氧消化的方法进行生物固体处理。与此同时，我们开始尝试联合消化法以产生更多的可供回收的生物气体。

2.4.3.2　美国生物固体管理的发展趋势

为更好地进行生物固体管理，未来美国将主要从以下几个方面进行完善：改进和完善生产 A 类污泥的设备，采用联合消化法，回收更多能量。目前，许多大城市如旧金山正在开展这样的工作。

2.4.4　相关案例

2.4.4.1　案例一：华盛顿特区水务局蓝平原污水深度处理厂

作为世界上同类污水处理厂中规模最大的一座污水深度处理厂，除了普通大型污水处理厂所采用的初级及二级处理外，该污水处理厂还采取了深度处理措施以保障当地水环境健康，例如硝化和反硝化、多级过滤等技术手段。经过多次提标改造，目前，该厂用地范围达到 150 英亩（约 $6.07×10^5 m^2$），平均处理水量为 3.7 亿加仑/天（约 $1.4×10^6 m^3/d$），其处理峰值可达 10.76 亿加仑/天（约 $4.1×10^6 m^3/d$）。经过 2001 年、2008 年和 2014 年的提标改造，其生物固体处理能力不断提升（图 2.4.1）。

图 2.4.1 华盛顿特区水务局蓝平原污水深度处理厂（2015 年）

目前，该污水深度处理厂在生物固体处理方面所获得的主要收益如下。

（1）每年减少 3200 万美元的运营和维修成本。

（2）每天产生 13 兆瓦电力，相当于蓝平原深度污水处理厂日用电量的 30%。污水处理厂是城市的主要电耗之一，该厂用电量占华盛顿地区用电量的 20% 左右。因此，这部分由污泥能量回收获得的电力产出，无论从经济和能耗上都有重要意义。

（3）改善了当地水环境，是华盛顿东海岸的环保项目之一。

（4）减少了华盛顿地区 41% 的温室气体排放。

（5）污泥厌氧消化后剩余固体成为 A 类污泥作为肥料或土壤改良剂。

在 2015 年之前，将污泥经过重力沉淀后脱水干化与石灰混合后即可得到 B 类污泥。2015 年，该污水深度处理厂投入约 4 亿美元，进行提标改造，主要加入了热水解系统并建成了 4 个中温厌氧消化池，结合热电联产（Combined Heat and Power，CHP）进行能量回收。也就是将厌氧消化产生的沼气用于发电，并将发电的汽轮机产生的蒸汽用于热水解系统，这一步是能源回收的关键步骤。新的生物固体处理过程中的预脱水、热水解、中温厌氧消化和终端脱水这四套工艺都制定了严格规范的操作方法，将产出的生物固体由 B 类提升到 A 类标准。最后将产出的 A 类标准污泥用搅拌机混合均匀后即可作为肥料等商品出售。图 2.4.2 为新旧生物固体处理系统示意。图 2.4.3 为热水解系统和生物固体堆肥。

2.4.4.2 案例二：马里兰州霍华德郡生物固体管理规划

小帕塔克森特再生水厂位于美国马里兰州的霍华德郡，设计处理水量 2500 万加仑/天（约 $9.5×10^4 m^3/d$），计划新增处理水量为 2850 万加仑/天（约 $1.1×10^5 m^3/d$）。与对华盛顿特区水务局的生物固体处理设施选择过程类似，首先从 14 个生物固体处理设施中选择 6

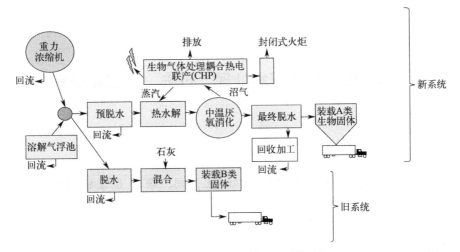

图 2.4.2　新旧生物固体处理系统示意

(a) 热水解系统(由预加热罐、反应罐、冷却罐三部分组成)　　　(b) 生物固体堆肥

图 2.4.3　热水解系统和生物固体堆肥

个备选方案，这 6 个备选方案是石灰稳定法、热干化法、厌氧消化结合石灰稳定法、厌氧消化结合热干化法、热水解结合厌氧消化、热水解结合厌氧消化再结合热干化。最终从 6 个备选方案中选择了厌氧消化与热干化联合的方案来处理该厂的污泥生产 A 类生物固体。这个方案是在现有的石灰稳定法的基础上提标改造的工艺，所以该工艺有便宜的调理剂，成熟可靠的工艺，并且能最大限度地利用现有的场地。在热干化的选择上，综合考虑了搅拌设备、土壤混合以及肥料效力，最终选择了热干化法。

2.5   以色列的废水处理：过去、现在和未来

报告人：Miki Shnitzer，以色列富朗世 Fluence 公司，研发 & 工程副总裁（原工程技术总监）

2.5.1   概述

以色列是一个很小的国家，拥有 800 万常住人口，大约 1.4 万名农民拥有 20 万公顷（20 亿平方米）灌溉土地，超过 1000 个工厂，水的年供应量为 20 亿吨，每年财政收入为 90 亿新谢克尔。以色列南部为半干旱的荒漠区域，拥有的自然水资源非常有限，人们采用开凿沟渠和运河的方式将北部的水资源运输到南部，以缓解南部水资源短缺的问题（图 2.5.1）。

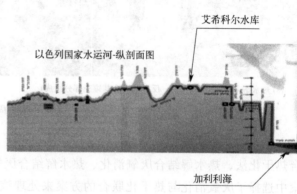

图 2.5.1   以色列的供水设施示意

以色列的淡水资源主要来自三部分：地下水和地表水（约 15.5 亿吨/年），再生水（约 4.5 亿吨/年）和海水淡化（约 6 亿吨/年），其中再生水占污水处理量的 70%～80%。目前，以色列拥有五座海水淡化工厂，分别为 Ashkelon、Palmachim、Hadera、Sorek 和 Ashdod，每年总共可供应 5.82 亿吨水资源，大约 45% 为淡水资源。这些海水淡化工厂位于海岸线沿岸，以地中海海水作为水源进行淡水的生产。Sorek 工厂作为规模最大的海水淡化工厂，位于以色列特拉维夫市南部，每年可提供 1.5 亿吨水资源，产生的水资源可通过人工运河回补到北部的加利利海，以备干旱时节，当加利利海水位较低、水资源缺乏时，作为补充水源保障加利利海水位不要低于最低警戒线。

在污水处理和回用方面，以色列每年市政污水的处理量为 5.25 亿吨，污水中含有

0.1%～0.2%的固体物质，其中 70%～80%为溶解性固体，剩余的 20%～30%为不溶悬浮固体，其 SS 污泥浓度达到 350～600mg/L。污水经过污水处理厂处理后，86%的出水作为再生水用于农业灌溉，再生水年回用量约为 4.5 亿吨，利用新型的农业灌溉系统以提高回用水的利用效率；另外，污水处理厂每年还会产生约 12.05 万吨湿污泥（含水率 80%），其中65%用于农业回用，32%排放入海，3%填埋处理。

早先，以色列的市政污水处理方法仅为初级处理、集中处理（氧化塘）或无氮磷污染物去除的二级处理，1992 年以前，以色列的污水出水水质标准中 BOD 和 TSS 的限值分别为20mg/L 和 30mg/L。2010 年新的《废水处理条例》取代了旧的《废水处理条例》，对现有和未来的污水处理厂的处理水平提出了更高的要求，指明了污水处理厂出水在农业灌溉和排入河流用途中的水质要求，这些参数包括 36 个溶解性或悬浮性元素及化合物在出水中的最高含量（部分参数如表 2.5.1 所列）。污水处理厂需按照现有最佳的技术处理污水，以确保污水水质不超过条例内的最高限值。

表 2.5.1　以色列污水处理的出水质量标准

参数	单位	非限制性农业灌溉的水质要求		排入河流的水质要求	
		每月最大平均值	最大值	每月最大平均值	最大值
粪大肠杆菌	每 100 mL	10	50	200	800
BOD	mg/L	10	15	10	15
TSS	mg/L	10	15	10	15
COD	mg/L	100	150	70	100
NH_4^+-N	mg/L	10	15	1.5	2.5
TN	mg/L	25	35	10	15
TP	mg/L	5	7	1	2

以色列污水处理制定的目标规划见表 2.5.2，主要包括以下两个方面。(1) 灌溉用水的水质目标。至 2019 年，采用计算机系统在线监测出水水质；至 2021 年，严格执行"出水供应、使用和许可"标准；至 2025 年，85%的污水处理厂出水水质达到 2010 年《废水处理条例》；至 2030 年，当出现技术故障时（如水库紧急事故），超过 50%污水处理厂进出水的运行方案可不履行规范要求的水质标准。(2) 未处理污水的排放目标。至 2030 年，所有污水均按照 2010 年制定的《公共健康规范——城镇污水出水水质标准和规范》进行处理，结束未处理污水直接排放入河的现象。

目前，以色列的污水处理流程如下：工业污水预处理→城镇污水收集系统→城镇污水处理厂→再生水厂→农业灌溉。处理现状及目标为：超过 93%的污水通过处理达到二级和三级的出水水质，到 2021 年将污水三级处理的比例由目前的 36%提升到 90%，五年内将污水处理厂出水用于农业灌溉的比例由 86%提升到 90%，真正实现将污水变为水资源的目标。不过，实现上述目标的行动需要明确的政府政策，包括立法和财政激励，以及制定新的法规（如非限制性农业灌溉标准）。

表 2.5.2　以色列污水处理的目标规划

出水用途	污水处理远景目标	规划年限
用于农业灌溉	85%的污水处理厂出水水质达到 2010 年《废水处理条例》	2025 年
	出现技术故障时（如水库紧急事故），污水处理厂进出水的运行方案可不履行规范要求的水质标准	2030 年（超过 50% 的污水厂）
	计算机系统在线监测出水水质	2019 年
	地理信息系统 GIS 监测出水灌溉区	目标达成
	严格执行"出水供应、使用和许可"标准	2021 年
直接排放	所有污水均按照 2010 年制定的《公共健康规范——城镇污水出水水质标准和规范》进行处理，结束未处理污水直接排放入河的现象	2030 年

由图 2.5.2 可见，目前以色列城镇污水处理厂的出水主要有三种去向：(1) 进入水库作为储备水源，如通过人工运河回补到北部的加利利海；(2) 通过三级处理生产高品质的再生水作为工业回用水；(3) 作为农业灌溉用水（如果园等），这也是以色列目前最主要的污水处理厂出水的去向。

图 2.5.2　以色列污水处理厂出水的去向

通过上述措施，以色列将宝贵的水资源得到充分利用，其出水回用率高达 86%，远高于世界其他国家，甚至比其他国家之和都高，因此，以色列大多数城市均分布在城镇污水再生水出水灌溉区域内。

2.5.2　污水处理新技术

2.5.2.1　膜曝气生物膜反应器（Membrane Aerated Biofilm Reactor， MABR）

19 世纪 50 年代以来，污水曝气技术经历了四个阶段的演化，分别为表面曝气装置（1950～1970 年）、粗气泡曝气器（1980～1990 年）、精细气泡曝气器（1990～2010 年）和 MABR（2015 年至今）。其中，表面曝气装置每平方米的曝气能耗高达 $2\sim3kW\cdot h/m^3$，粗气泡曝气器和精细气泡曝气器每平方米的曝气能耗分别减少至 $1.5kW\cdot h/m^3$ 和

$0.55\text{kW}\cdot\text{h}/\text{m}^3$，而 MABR 每平方米的曝气能耗仅为 $0.25\text{kW}\cdot\text{h}/\text{m}^3$，大大降低了曝气所需的能耗，提高了氧传递效率。

MABR 的工作原理在于利用选择性透气膜与附着生长型生物膜之间的协同作用，采用透气膜将氧气传递至透气膜表面附着的生物膜，同时氨和有机物等基质从污水扩散到生物膜中，而安装在缺氧池中的 MABR 好氧生物膜（以硝化菌为优势菌）和在缺氧区悬浮增长的反硝化菌实现同步硝化反硝化（SND），来强化对污水中氨氮和总氮的去除（图 2.5.3）。

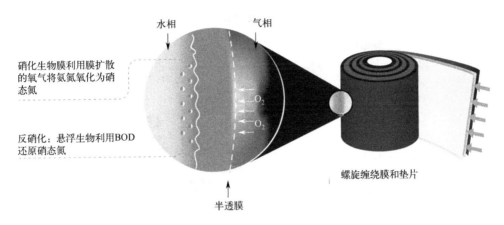

图 2.5.3　膜曝气生物膜反应器工作原理

与传统曝气相比，MABR 具有以下优点：（1）高效总氮去除，稳定的高质量出水（一级 A/准四类）；（2）运行电耗低；（3）运营成本节省高达 50%（与传统处理工艺比较）；（4）膜使用寿命 15 年以上；（5）易于操作，无需熟练工人；（6）能化运行及手机应用程序/计算机远程监控；（7）维护工作量低，系统运行稳定；（8）无臭味、无噪声；（9）模块化设计易于扩容。

2.5.2.2　Fluence Aspiral™ 智能成套污水处理系统

Fluence Aspiral™ 智能成套污水处理系统主要采用罐体式或者集装箱集成化设计，如图 2.5.4 所示，分为 Aspiral Micro、Aspiral S1、Aspiral M1-2 和 Aspiral L1-5 共四种规格，是中小型分散式污水处理的理想选择。Aspiral Micro 一体化污水处理系统为罐体式设计，可以按需采取地上、地埋或半地埋的安装方式，设计水量为 $5\text{m}^3/\text{d}$，尤其适合偏远地区小水量的生活污水处理的应用；Aspiral S1、M1-2 和 L1-5 为集装箱式污水处理系统，其中 Aspiral S1 和 Aspiral M2 装备了预筛和澄清池，分别适合处理规模为 $50\text{m}^3/\text{d}$ 和 $120\text{m}^3/\text{d}$ 的生活污水，而 Aspiral L1-5 分别装备了 1～5 个 MABR 装置，单体处理规模最高达 $300\text{m}^3/\text{d}$。

Aspiral™ 设计的污水处理厂采用端到端的污水处理方案（图 2.5.5），具有以下优点：（1）高效的污染物去除能力（包括 TN 和 TP）；（2）节能和化学品消耗低；（3）可选配二次澄清池和超滤池；（4）占地面积小，土建工程少；（5）根据客户的需求和要求定制。

60 城镇污水处理厂提质增效研究与实践

(a) Aspiral Micro

(b) Aspiral S1

(c) Aspiral M1-2

(d) Aspiral L1-5

图 2.5.4 Aspiral™ 系列示意

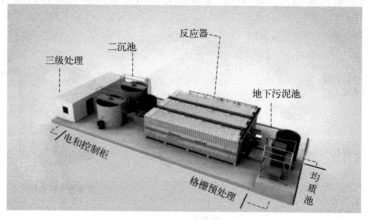

图 2.5.5 Aspiral™ 污水处理厂设计

2.5.2.3 SUBRE

SUBRE（浸没式 MABR 解决方案）是针对传统活性污泥工艺（CAS）现有池体的一款非常高效、经济的升级改造解决方案（图 2.5.6）。利用 MABR 技术，在不降低原池体处理量的前提条件下，SUBRE 方案能够达到相当优秀的总氮和总磷去除效果，即使原池体并未被设计用于去除总磷和总氮。另外，可在不增加现有污水处理厂占地的条件下，实现传统污水处理厂的升级改造，提高污染物的处理能力和改善污水出水水质。

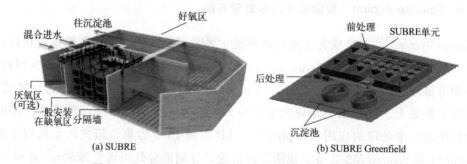

(a) SUBRE

(b) SUBRE Greenfield

图 2.5.6 SUBRE 和 SUBRE Greenfield 的安装设计示意

2.5.3 工程案例

2.5.3.1 湖北孝感 Aspiral 污水处理工程

该工程由湖北交投集团下属的协诚交通环保智能检测有限公司委托，在湖北省京珠高速

G4 公路孝感服务区建造，该 Aspiral^{TM} 系统主要以 MABR 技术为主体，预处理单元主要包括细格栅和初沉池，二级处理单元主要包括 2 套 Aspiral L4 污水处理系统和二沉池，三级处理单元主要包括反硝化滤池和消毒间（图 2.5.7）。处理装置占地面积 240m^2，污水处理厂总占地面积 850m^2，该系统进水流量为 200m^3/d，年最低水温为 12.5℃，出水 COD、NH$_4^+$-N、TN、TP、TSS 和 BOD 浓度均达到《城镇污水处理厂污染物排放标准》（GB 18918—2002）一级 A 排放标准（表 2.5.3）。

图 2.5.7　湖北孝感 Aspiral 污水处理工程

表 2.5.3　湖北孝感 Aspiral 污水处理系统的进出水水质

参数	pH 值	NH$_4^+$-N /(mg/L)	COD /(mg/L)	TN /(mg/L)	TP /(mg/L)	TSS /(mg/L)	BOD /(mg/L)
进水	6~9	50	350	70	6	250	130
出水要求	6~9	<5	<50	<15	<0.5	<10	<10
实际出水水质	6.81	0.206	16	2.18	0.04	8	4.4

2.5.3.2　河南洛阳 Aspiral 污水处理工程

该工程由清水源（上海）环保科技有限公司委托，位于河南省洛阳市太平村，需满足当地 5000 名居民的生活污水处理要求，同时符合 GB 18918—2002 一级 A 污水排放标准，使出水能够回用用于灌溉，并排放到洛河。

该工程包括预处理单元、二级处理单元和三级处理单元，预处理单元主要包括细格栅和初沉池、二级处理单元主要包括 2 套 Aspiral L3 污水处理系统和二沉池，三级处理单元主要包括反硝化滤池和消毒间（图 2.5.8）。处理装置占地面积 240m^2，污水处理厂总占地面积 600m^2，该系统进水流量为 300m^3/d，年最低水温为 15℃，处理能耗为 0.4kW·h/m^3，出水水质均达到 GB 18918—2002 一级 A 排放标准。

2.5.3.3　以色列 Mayan Zvi 污水处理厂 SUBRE 改造工程

该改造工程由 Mayanot Ha-Amakim 水务管理局委托，在原有处理水量为 9000m^3/d 的

图 2.5.8　河南洛阳 Aspiral 污水处理工程

传统 A^2O 污水处理厂的基础上，通过安装 MABR 单元（图 2.5.9），将处理负荷提高 16%，使得处理水量提高为 10500m^3/d。改造完成后，系统不仅增加了 20% 的氮去除负荷，还减少了单位处理水量的比耗能，同时升级消除了沉淀池中由于反硝化作用产生的多余浮渣。出水水质为：TSS、COD、TN、NH_4^+-N、NO_3^--N 和 TP 浓度分别为 11mg/L、30mg/L、7.5mg/L、2mg/L、5.5mg/L 和 1mg/L。

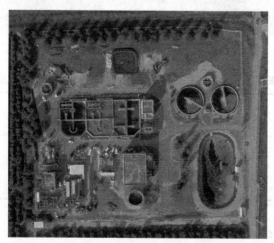

图 2.5.9　以色列 Mayan Zvi 污水处理厂 SUBRE 改造工程

2.6 主流厌氧氨氧化工艺的研究现状、挑战与应对策略

报告人：刘思彤，北京大学，教授

2.6.1 城镇污水处理厂亟须升级改造

氮素污染引起水体黑臭、水华和富营养化现象频发，这些现象已经引起国家的高度重视，出台了一系列政策，如 2016 年《"十三五"生态环境保护规划》、2017 年《长江经济带生态环境保护规划》、2018 年《渤海综合治理攻坚战行动计划》和 2019 年《污染源氮磷污染防治攻坚工作》等。这一系列政策的出台要求总氮必须减排 10% 以上，这就要求我们进行点源控制，同时城镇污水处理厂需要提标排放和超标整治。

随着氮素污染问题的发现，很多天然水体中氮超标断面数偏高，且呈现逐年升高的状态。新一轮关于脱氮方面污水处理厂的提标改造工作正在进行中。据不完全统计，现在我国有数千座的污水处理厂需要在氮减排方面，尤其是在总氮减排方面进行提标改造工作。据环保产业专家估算，到 2020 年，在氮排放方面的提标改造可以创造 1000 亿元左右的市场。然而，总氮排放标准日益严格的今天，传统的生物脱氮工艺存在哪些问题呢？对于我国城镇污水而言，进水碳氮比（C/N）较低，要实现总氮达标排放，反硝化过程需要消耗大量的有机碳源，且有机碳源的投加量也在逐年提高。因此，传统污水处理厂的脱氮工艺亟须升级改造。

2.6.2 厌氧氨氧化技术的研究现状

目前传统污水处理工艺难以进一步脱除总氮，满足国家一系列政策所规定的总氮减排10% 的目标存在困难，这就引出了一种新型的生物脱氮技术——厌氧氨氧化（Anaerobic ammonium oxidation，ANAMMOX）技术。与传统的生物脱氮技术相比，ANAMMOX 技术有很多优势：首先，缩短了生物脱氮进程；其次，能够在低 C/N(C/N<2) 条件下进行生物脱氮；最后，ANAMMOX 技术更高效并节省了大量能源（图 2.6.1）。从化学计量学上来说，ANAMMOX 技术能够节省 63% 的曝气能耗，减少 100% 的外碳源投加，减少 90% 的剩余污泥产量，ANAMMOX 的性能是传统生物脱氮性能的 15～20 倍[1]。

在经济性方面，据环保产业专家计算，ANAMMOX 技术的处理费用为 0.75 欧元/kgN，而传统生物脱氮的处理费用为 2～5 欧元/kgN。另外，按照北京市每天处理垃圾渗滤液 2000m³ 计算，应用 ANAMMOX 技术每天可节约 3 万元，因而仅就垃圾渗滤液处理而

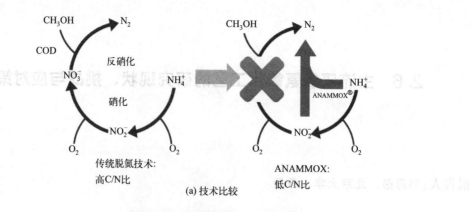

(a) 技术比较

(b) 厌氧氨氧化颗粒污泥

图 2.6.1 ANAMMOX 技术与传统脱氮技术的比较

言，一年就可为北京市污水处理节约成本上千万元。ANAMMOX 可分为侧流应用（Side-stream）和主流应用（Mainstream）两种。对于侧流应用而言，最早的是 2003 年在荷兰鹿特丹污水处理厂建立了世界上第一座 ANAMMOX 示范工程；据不完全统计，到 2014 年，世界范围内建成及在建的有 100 多座 ANAMMOX 污水处理装置[2]；之后呈指数增长，到 2018 年，有 200 多座生产规模的 ANAMMOX 污水处理应用。这些 ANAMMOX 应用大部分集中在处理如污泥消化液、工业废水等高氨氮浓度的污水处理中，我们将其命名为侧流 ANAMMOX。

对于城镇污水而言，ANAMMOX 的应用我们命名为主流 ANAMMOX。公认的第一座城镇污水主流 ANAMMOX 是 2014 年在奥地利建成的 Strass 污水处理厂，之后有 2016 年的新加坡樟宜污水处理厂，以及美国华盛顿特区水务局（DC Water）正在进行的中试及工程性研究。以下为主流 ANAMMOX 的应用举例。

2.6.2.1 奥地利 Strass 污水处理厂

该污水处理厂采用 DEMON 技术，它的特点是将主流和侧流联合进行，采用旋流分离器（图 2.6.2）将侧流系统的 ANAMMOX 菌分离出来，投加到主流系统中，即为城镇污水主流 ANAMMOX 的应用。文献报道 Strass 污水处理厂主流系统的氨氮去除率达到 80%，总氮去除率达到 45% 以上，出水总氮浓度低于 5mg/L，实现了 200% 的能源自给[3]。目前，除了 Strass 污水处理厂外，旋流分离器技术还应用于荷兰的 Glanerland 污水处理厂和美国的 Alexandria 污水处理厂。

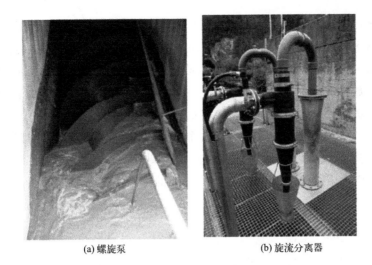

(a) 螺旋泵 (b) 旋流分离器

图 2.6.2 Strass 污水处理厂旋流分离器实物照

2.6.2.2 新加坡樟宜污水处理厂

目前该污水处理厂是世界上规模最大的城镇污水短程硝化/ANAMMOX 工艺，也是首个强化生物除磷和 ANAMMOX 共存的案例。文献报道[4,5]，短的污泥龄（5 天）和合适的溶解氧（DO）浓度（1mg/L）是该工艺运行成功的重要因素（图 2.6.3）。另外，新加坡常年适宜的水温（27～30℃）也是保障 ANAMMOX 菌正常生长的主要因素。据计算，该污水处理厂通过 ANAMMOX 脱氮对总氮去除的贡献率达到 62%，曝气能耗节省了 10%～30%，占地面积节省 10%～40%。

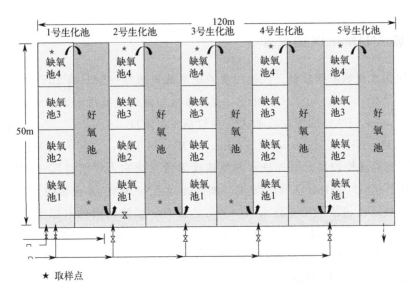

图 2.6.3 新加坡樟宜污水处理厂工艺流程

2.6.2.3　西安第四污水处理厂

该污水处理厂第一期工程的处理规模是 25 万吨/天，在 2012 年进行了升级改造，分别在厌氧区和缺氧区投加了填料，延长了水力停留时间（HRT），并采用搅拌或者曝气的形式将填料悬浮起来（图 2.6.4）。通过上述升级改造，该污水处理厂将出水水质由《城镇污水处理厂污染物排放标准》(GB 18918—2002) 一级 B 提升到一级 A。2013 年，研究人员发现厌氧区和缺氧区的填料呈现红褐色，2018 年的研究结果[6] 发现填料上 ANAMMOX 菌的占比达到 10% 以上（甚至达到 17%～18% 这个水平）。虽然西安污水处理厂水温常年只有 11～20℃，据计算，ANAMMOX 在总氮去除中达到 15%～30%。因此，西安第四污水处理厂 ANAMMOX 作用的发现具有重要里程碑式的作用，填补了常温主流 ANAMMOX 工程化应用的空白。

图 2.6.4　西安第四污水处理厂俯瞰图

2.6.3　主流 ANAMMOX 的难点

（1）城镇污水氨氮浓度较低。城镇污水的进水氨氮浓度一般只有 20～80mgN/L，与侧流高氨氮污水（300～1000mgN/L）相比，氨氮浓度较低的城镇污水无法产生足够高的游离氨（Free ammonia，FA）浓度，故而无法通过高 FA 浓度（0.08～0.82mgFA/L）来抑制亚硝酸盐氧化菌（Nitrite oxidation bacteria，NOB）的生长，如何实现短程？另外，由于 ANAMMOX 菌的活性较高，低的进水氨氮浓度导致系统水力停留时间（HRT）较短，过短的 HRT 易引起 ANAMMOX 菌的流失，如何进行 ANAMMOX 菌的截留？

（2）水温较低。相较于工业废水（>30℃）而言，城镇污水的水温无法控制，一般为 10～30℃，冬季甚至会下降至 10℃ 以下，该温度范围低于 ANAMMOX 菌的适宜温度（30～37℃），影响 ANAMMOX 菌的生长活性，此外低温也不利于短程硝化的维持。

（3）保障主流 ANAMMOX 系统的稳定性。我国环保部门对污水处理厂的稳定运行要求较高，若系统运行不稳定代价非常大，如何应对进水中污染物浓度和负荷的变化？如何长期稳定的运行?

2.6.4 主流 ANAMMOX 应用的好消息

(1) 低氨环境有利于 ANAMMOX 菌的生长。相较于高氨氮浓度（300mgN/L），AN-AMMOX 菌在低氨氮浓度（30mgN/L）条件下的活性更高，生长速率提高 1.5 倍，同时转录活性也更高。低氨条件下，ANAMMOX 菌体内的嘌呤和嘧啶代谢通路均上调，而且 AN-AMMOX 菌倾向于合成耗能更少的氨基酸，种间互养活跃[7]（图 2.6.5）。

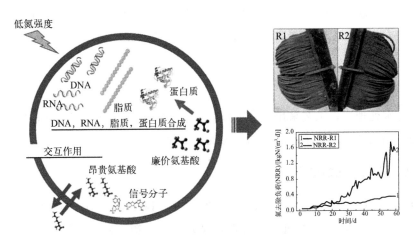

图 2.6.5　低氨环境利于 ANAMMOX 菌生长原理

(2) 特殊的反应器设计可有效持留 ANAMMOX 菌。采用固定式折流板反应器（Immo-bitized baffle reactor，I-ABR，图 2.6.6）在短 HRT（1.5h）的条件下实现了 ANAMMOX 菌的有效截留，同时发现在氨氮和亚硝态氮浓度分别为 5~10mgN/L 条件下，ANAMMOX 菌的活性达到最高。通过代谢通路分析，我们发现该条件下 ANAMMOX 菌具有很高的合成代谢作用，尤其是中心碳代谢作用，并且具有很强的氨基酸合成能力。低氨氮条件下，基质浓度导致 ANAMMOX 菌发生了生态位分化，从 *Ca. Jettenia* 菌属转变为 *Ca. Brocadia* 菌属[8]。因此，低氨氮条件下，有办法实现 ANAMMOX 并保持较好的 ANAMMOX 菌活性。

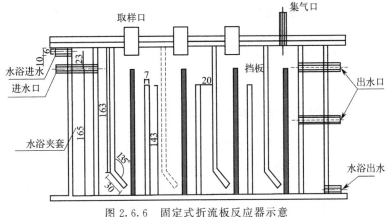

图 2.6.6　固定式折流板反应器示意

（3）短程硝化的控制。设计新型的功能性载体，该载体可以在表层人为创造一个具有较高 FA 浓度的微环境，对载体表面进行改性，增加它的通道和生物相容性，并对载体进行密度设计使其能悬浮在反应器中（图 2.6.7）。采用 DLVO 理论（胶体稳定性）计算，发现该载体对硝化细菌的接触能量势垒值更小，更有利于附着硝化细菌。通过对载体表面进行氨质间吸附降解的试验研究，发现载体表面由于 AOB 的氨氧化作用形成低 DO 环境，生成的亚硝态氮能更好地被 ANAMMOX 菌利用。

对于短程硝化而言，采用泥膜共生（Integrated fixed-biofilm activated sludge，IFAS）反应器，通过调节悬浮态污泥的停留时间（Sludge retention time，SRT）和调节反应器内 DO 浓度，来控制短程硝化。采用双参数协同自控系统，包括 SRT 控制和 DO 控制。采用上述技术，建立集成的系统来提高工艺的脱氮效率和稳定性。

2.6.5　主流 ANAMMOX 应用的实例

某城市污水处理厂，工艺采用厌氧 COD 去除→短程硝化→ANAMMOX→末端强化处理工艺流程，如图 2.6.8 所示。图 2.6.9 为现场照片。

2.6.5.1　工艺不同单元的进出水效果

进水为实际低 C/N 城镇污水，HRT 保证 3h，进水 BOD/TN（B/N）仅为 2.4。通过厌氧 COD 去除单元后，出水的 B/N 进一步降低，仅为 0.97；短程硝化单元后，总氮有一定的去除，但总氮的去除主要由 ANAMMOX 单元贡献；最后，末端强化处理工艺的设计是为了维持工艺的稳定性，工艺稳定性通过两点控制：（1）特殊的功能性载体填料，具有很好的缓冲能力；（2）通过尾处理池，能够保证出水的稳定达标。经过 10 余次第三方检测，发现短程硝化-ANAMMOX 单元的总氮去除率达到 70% 以上，其中 ANAMMOX 单元的总氮去除贡献为 50% 以上，18 项检测指标均达到出水一级 A 标准。总氮的去除负荷达到 0.32kgN/（m^3·d），是传统污水处理厂的 5 倍以上，节省了 100% 的碳源投加，另外，系统具有很好的缓冲能力，即使在强降雨时期，进水氨氮浓度降低，通过调整参数很快能恢复系统性能。

2.6.5.2　工艺的经济性优势

通过第三方计算，该工艺的处理费用为 0.286 元/t，远远低于现有城镇污水处理厂的处理费用（0.65~1.03 元/t）。该工艺可以节省曝气能耗，节省碳源投加，节省剩余污泥处理处置费用。总之，以 $24\times10^4 m^3$/d 的污水处理厂为例，该工艺的应用每年可节省运行成本 1500 万元。

2.6.5.3　主流 ANAMMOX 未来有待解决的问题

主流 ANAMMOX 未来有待解决的问题有：（1）菌源的供给策略；（2）低温技术；（3）自动控制系统；（4）尾处理技术；（5）混合型的部分 ANAMMOX 的低耗脱氮工艺。主流 ANAMMOX 的应用，在原有污水处理厂可以通过投加菌或填料，调控参数来实现；在新污水处理厂的设计应用，可以节省大量的占地，并实现高效、低耗和稳定的生物脱氮。

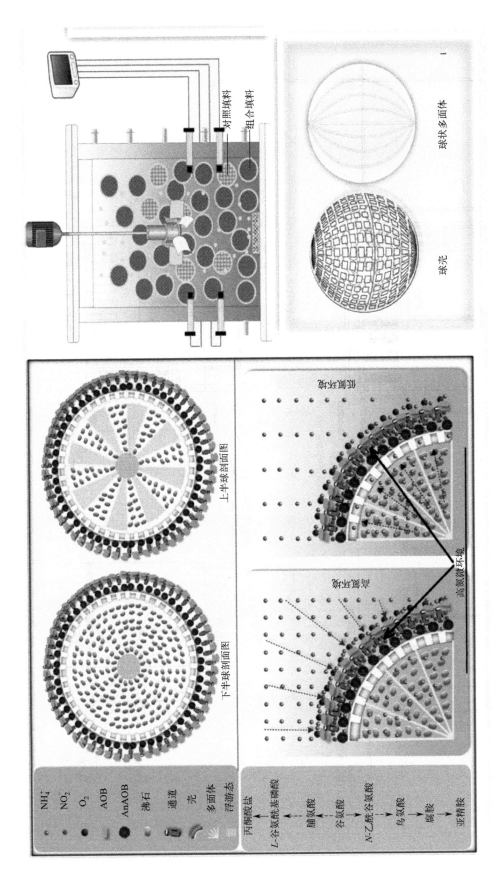

图 2.6.7 载体富氨微环境实现短程硝化示意

AOB—氨氧化菌；AnAOB—厌氧氨氧化菌

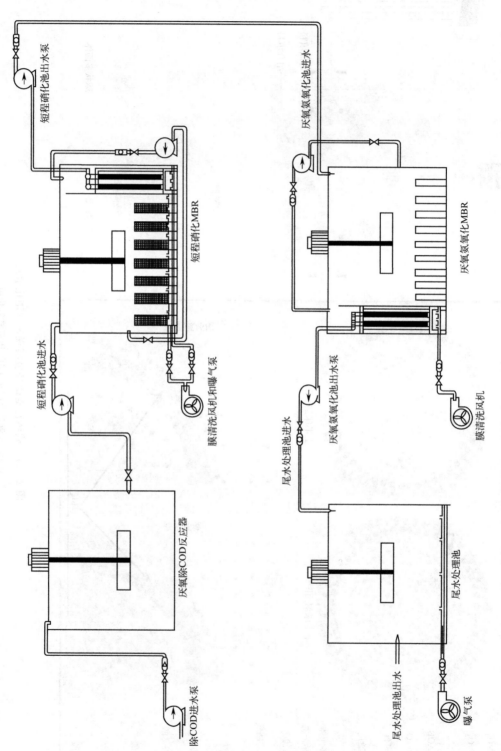

图 2.6.8 主流 ANAMMOX 工艺流程

(a) 中试装置

(b) 厌氧COD去除池

(c) 短程硝化池

(d) 厌氧氨氧化池

(e) ANAMMOX菌

(f) 出水口

图 2.6.9　主流 ANAMMOX 现场照片

参考文献

[1]　Ali M, Okabe S. Anammox-based technologies for nitrogen removal：advances in process start-up and remaining issues
[J]. Chemosphere, 2015, 141：144-153.

[2]　Lackner S, Gilbert E M, Vlaeminck S E, et al. Full-scale partial nitritation/anammox experiences--an application sur-
vey[J]. Water Research, 2014, 55：292-303.

[3]　Wett B, Omari A, Podmirseg S M, et al. Going for mainstream deammonification from bench to full scale for maxi-

mized resource efficiency[J]. Water Science and Technology, 2013, 68(2): 283-289.

[4]　Cao Y, Hong K B, van Loosdrecht M, et al. Mainstream partial nitritation and anammox in a 200,000 m3/day activated sludge process in Singapore: scale-down by using laboratory fed-batch reactor[J]. Water Science and Technology, 2016, 74(1): 48-56.

[5]　Cao Y, van Loosdrecht M C M, Daigger G T. Mainstream partial nitritation-anammox in municipal wastewater treatment: status, bottlenecks, and further studies[J]. Applied Microbiology and Biotechnology, 2017, 101 (4): 1365-1383.

[6]　Li J, Peng Y, Zhang L, et al. Quantify the contribution of anammox for enhanced nitrogen removal through metagenomic analysis and mass balance in an anoxic moving bed biofilm reactor[J]. Water Research, 2019, 160: 178-187.

[7]　Guo Y, Zhao Y, Zhu T, et al. A metabolomic view of how low nitrogen strength favors anammox biomass yield and nitrogen removal capability[J]. Water research, 2018, 143: 387-398.

[8]　Pan J, Huo T, Yang H, et al. Metabolic patterns reveal enhanced anammox activity at low nitrogen conditions in the integrated I-ABR[J]. Water Environment Research, 2021, 93(8): 1455-1465.

2.7　挪威城镇污水处理现状及对中国污水处理厂提质增效的启示

报告人:辛刚，挪威 WAI Environmental Solutions AS，博士

　　挪威地广人稀，人口约是浙江省人口的 1/10，而面积是浙江省的 3.8 倍，并且海岸线很长（图 2.7.1）。挪威全国有大小污水处理厂 2700 个左右，多数都比较小，只在几个主要城市附近有一些大型的污水处理厂。挪威污水处理厂特点是占地少、水温低以及对总氮和总磷的处理要求较高。挪威污水处理厂基本建在室内或山洞内，所以造价相对较高，工艺占地面积小并且自动化程度高。

图 2.7.1　挪威典型污水处理厂

　　挪威的市政污泥处理是以厌氧消化为主，80% 的污泥符合国际消毒要求，最终为土地利用（图 2.7.2）。污泥经过厌氧消化后，挪威污水处理厂会对产生的沼液进行氮肥回收。在未来，挪威政府将对污泥中重金属、微塑料以及抗生素等微污染物加强重视，并向欧盟标准靠拢。在最终去向方面，土地农用会逐渐减少，热处理会逐渐兴起，并且磷回收也会成为以后的主流方向。

　　在城镇污水处理方面，欧洲和中国都有很多类似的地方，一般都是先收集，经过泵站，再进行初级处理、一级处理、二级生物处理，最后深度处理消毒排放或者回用。欧洲市政污泥一般是先进行浓缩再厌氧消化，沼渣进行脱水后再进行资源化处置。

图 2.7.2　挪威污泥的处理处置

据我所知，中国污水处理行业发展很快，但也存在一些问题。首先污水管网不完善，所以污水进水 C/N 低，一级处理普及程度不高；另外工业污水混入现象普遍，导致污水难生化降解，总氮达标难；中国的污泥处置厌氧消化不普及，主要是由于中国污泥热值比较低，重金属浓度相对比较高，造成了污泥处置困难。

针对中国污水处理厂的这几个问题，下面简单介绍几个挪威污水处理厂的技术应用案例，希望起到抛砖引玉的作用。

2.7.1　MBBR 生物膜技术

该技术是在 20 世纪 80 年代由挪威科技大学 Hallvard Ødegård 教授发明，并由 Kaldnes Miljøteknologi 公司推向全世界。1990 年第一家应用该技术的污水处理厂至今还在使用原始填料，并且处理效果依然很好。该技术在发展中有很多变型，先进生物膜反应器（BFR）是其中的一种变型。BFR 与 MBBR 的区别在于填料在正常操作模式下，填充率比 MBBR 高，由于填充量大，反应器内大部分填料在正常运行时不会自由移动。生物膜中的微生物附着生长在填料表面，以污染物为生长的食物。BFR 工艺中污水连续进入生物反应器，使用污水间歇清洗去除生物膜填料上过量的微生物（污泥）和截留的悬浮物。填料为微生物的生长与积累提供大量孔隙体积（孔隙率通常为 85%），使清洗周期之间的运行时间最大化。反应器内曝气时，气泡必须穿过填充率极高的填料，导致停留时间和到达反应器表面的路径变长，氧传输效率提高。高密度填充填料也可充当"过滤器"减少正常运行时 BFR 反应器出水中固体物质浓度。进水由底部进入反应器，从顶部流出，在反应器内呈活塞流。活塞流的特点是提高基质传输速率，同时可以将基质（如氨氮和 COD）降解到很低的浓度。

MBBR 的一个经典案例是奥斯陆机场污水处理厂[1]。该水厂设计流量为 $1.6 \times 10^4 \, m^3/d$，去除总氮 70%，总磷<0.2mg/L，BOD_5<10mg/L。其工艺流程为一级处理，二级生物处理，

七级 MBBR，后期加药除磷，通过气浮去除总磷（图 2.7.3）。生物段 MBBR 水力停留时间 6.3h，进水温度 4～14℃，进水浓度比较高，COD 在 580mg/L 左右。在以上条件下该工艺处理效果非常好，最后出水 COD 均值为 38mg/L，总氮均值为 7.3mg/L。

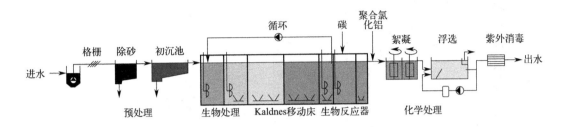

图 2.7.3　奥斯陆机场污水处理厂处理流程

2.7.2　MBBR 升级改造案例

该案例是 Saulekilen 污水处理厂将沉淀池改为 MBBR 池。Saulekilen 污水处理厂设计水量为 $2.5 \times 10^4 \text{m}^3/\text{d}$，主体工艺占地面积不到 600m²，这是一个大的亮点。主要是由于设计中把微滤机放在 MBBR 上面，所以节省占地面积。污水经过微滤机可以去除 30% 的 BOD，从而降低 MBBR 池负荷，同时 MBBR 很高效，水力停留时间只有 0.7h 就可以实现 BOD<25mg/L 的出水。总磷去除通过气浮结合加药实现，可以达到 90% 的去除率。最后初级污泥和二级污泥均进入厌氧消化池生产沼气。

MBBR 适用于低浓度高流量的进水处理，如二沉池的出水、河水、水产养殖水等。下面重点介绍 MBBR 在深度处理和后置反硝化的应用[2]。

MBBR 主要包括六级处理单元，三级好氧硝化，二级反硝化，最后加一个好氧。主要工艺流程如图 2.7.4 所示。进水浓度如图 2.7.5 所示，进水总无机氮在 16mg/L，最后出水为 1.5mg/L，而且停留时间非常短，只有 2.6h，反硝化的停留时间不到 1h。

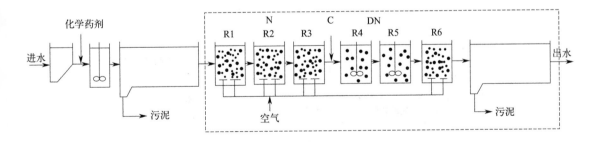

图 2.7.4　MBBR 在深度处理中的工艺流程

该案例中，在停留时间很短的情况下出水达到这么好的效果，主要是 C/N 的控制。C/N 较低的情况下，出水的总氮相对比较高，如果 C/N 在 4 以上，出水达到国内Ⅳ类水排放标准的概率就比较大。

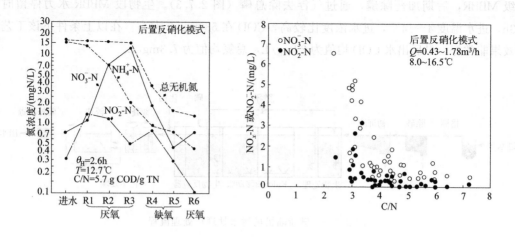

图 2.7.5   MBBR 的水处理效果

  MBBR 能高效去除污水中的氮磷主要是由于 MBBR 生物膜附着在悬浮的填料上,填料在反应器中流化互相碰撞,同时还有水力和气泡的剪切,促使生物膜不断更新,使微生物一直处于高效的对数生长状态。最终导致平均泥龄低,产泥量变高。

  产泥量高是好事还是坏事呢?如果从能源的角度讲污水处理厂,可分为耗能单元(二级生物处理)和产能单元(污泥处置)。在传统的工艺中,泥龄长自养呼吸水平高的条件下,需要更多的氧气将有机的碳氧化成二氧化碳,因此产生的污泥会比较少。如果把污泥当成废物,污泥处置的污泥量越少越好,这就是一种减少处理费用的办法。但是如果将污泥看成一种可再利用的资源,这种减少污泥产量的工艺就是一种不可持续的处理方法。在挪威,一种可持续的工艺首先需要完善管网,然后是一级处理。一级处理所截留的有机物等可以放到污泥处理单元产能,从而减少二级处理的负荷。而如果二级处理选择泥龄短、自氧水平低的工艺,氧化有机碳需要的氧气就比较少,产生的二氧化碳也少,最后污泥的产量相对比较多。污泥又可以作为一种资源再利用,这样就可以实现污水处理厂能量再生。整个污水处理厂能源消耗和再生的模式如图 2.7.6 所示。

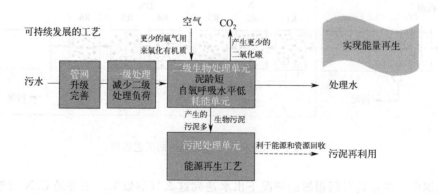

图 2.7.6   北欧污水处理厂能源消耗和再生模式

  欧洲的环保工程师曾估算过污水处理厂能量的分配[3,4](如图 2.7.7),他们把污水处理

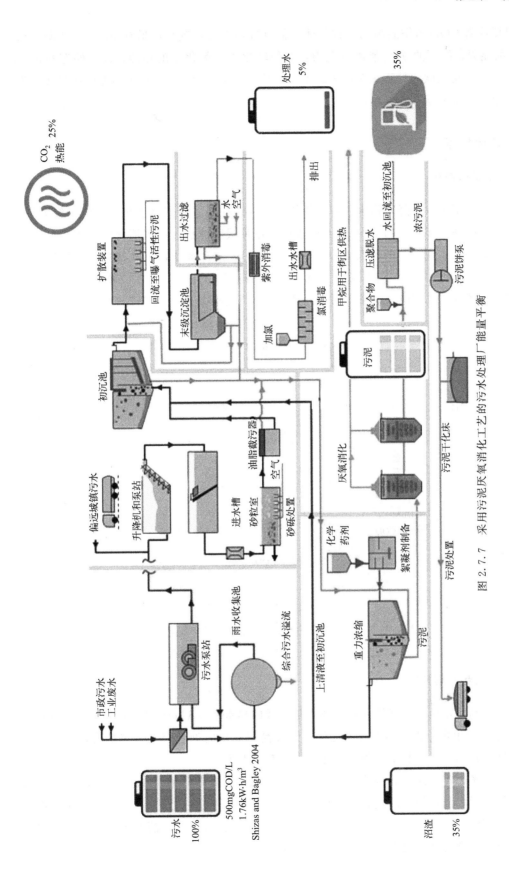

图 2.7.7 采用污泥厌氧消化工艺的污水处理厂能量平衡

厂的有机质或者 COD 当作能源的一种载体。估算数据表明，进水如果有 100％的能源，出水有 5％的能源，剩下的 95％能源分配为：25％转化为二氧化碳的热能，70％储存在污泥里。所以厌氧消化是欧洲处理污泥的主流工艺，利用污泥产能。一半以上污泥的能量转化为沼气，剩余的一半能量存在于沼渣中。

2.7.3　其他技术

2.7.3.1　带式微滤机

在北欧，为了进一步降低污水处理厂的能耗，大量应用了带式微滤机，加强一级处理，来提高能源回收率。如丹麦的 Egaa 污水处理厂使用带式微滤机、厌氧消化以及厌氧氨氧化技术结合的方法来实现污水的最大能源化（图 2.7.8）。该污水处理厂的目标是通过带式微滤机在一级处理工段实现 65％的 COD 去除，目前实现了 40％～50％的 COD 去除，这样可以大大提高整体的能源回收率。整个污水处理厂的能源循环流程如图 2.7.8 所示。

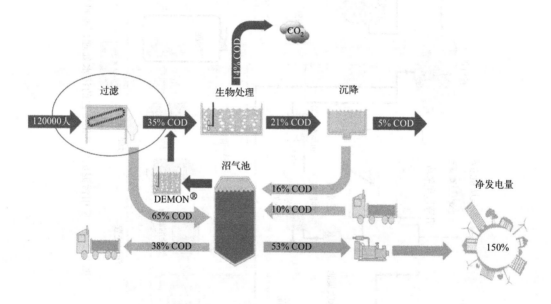

图 2.7.8　丹麦 Egaa 污水处理厂的能源循环示意

2.7.3.2　污泥热水解技术

另一种提高污水处理厂能源回收的技术是挪威的热水解（Thermal Hydrolysis Process，THP）技术。它也可以提高污泥可消化性，通过高温高压的处理降低污泥黏度，缩短消化池停留时间，提高产气量和沼渣脱水性能，以及有效灭菌。

所以可以考虑将带式微滤机结合热水解一起使用，来提高能量回收率。估算数据表明，两种技术结合后，污水处理厂热能可以从 25％降低到 18％（图 2.7.9）。因为进水中大部分 COD 可以不经过二级处理，直接进入污泥，减少了二氧化碳以及热能的产生，提高污泥沼气产率，沼渣所含的能量也会下降（从 35％降到 30％）。

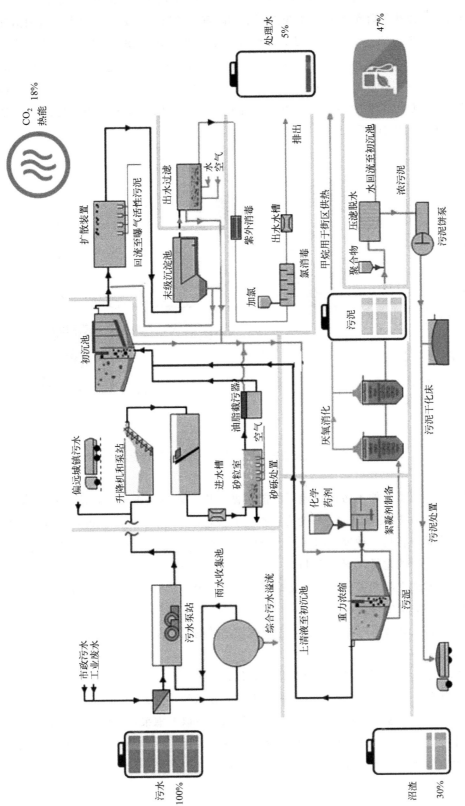

图 2.7.9　采用微滤机和污泥热水解技术的污水处理厂能量平衡

但是现在依然有 30％的能量存在沼渣中。WAI Environmental Solutions 也正在尝试通过热解把沼渣中难以生物降解的有机质变得可生物降解，并结合厌氧消化技术，增加沼气产量，产生生物炭和生物油。同时在高温下还可以降解一些微污染物、稳定重金属以及回收磷。另外，我们也正在考虑将一些园林垃圾、农业废物与污泥或沼渣先干化，再热解生成生物炭、生物油等可利用资源，一部分油水混合物可以加入厌氧消化池中生成更多沼气，剩下的不凝气又可以在热解工艺中燃烧为热解提供能量，同时热尾气又可以为干化提供部分能源，具体流程如图 2.7.10 所示。

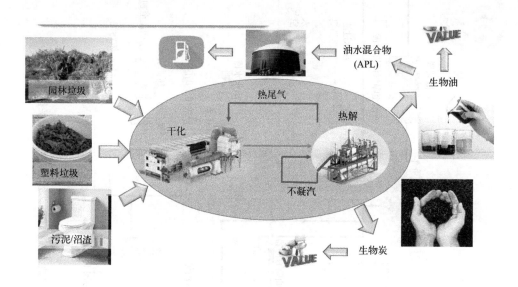

图 2.7.10　污泥及其他垃圾通过干化＋热解处理的能源转化流程示意

如果将这个热解工艺加入污水处理厂的能量循环中，评估数据表明，沼渣里原来 30％的能源有 10％变为生物炭能源，13％变为可再生能源，7％变为二氧化碳热能，即厂内回收的不凝气。这个系统将是一种理想的从污水中提取能源的模式，并且为氮磷的回收及微污染物的去除提供了合理的途径（图 2.7.11）。

挪威环保技术的发展和挪威政府的支持密不可分。挪威政府和银行可以通过基金和低息贷款等方式支持在中国的环保项目。

最后，挪威污水处理厂对中国污水处理厂提质增效的启示总结如下：

（1）污水是一种资源；

（2）合理的工艺组合可以将污水资源化最大化；

（3）对生物膜工艺的充分理解是恰当应用生物膜技术的关键；

（4）对中国北方温度较低地区、室内、地下污水厂可以考虑采用挪威成功的工艺组合；

（5）污水处理工艺的合理选择可以提高污泥的热值，使污泥进一步无害化和资源化；

（6）污泥资源化综合解决方案是未来的发展方向。

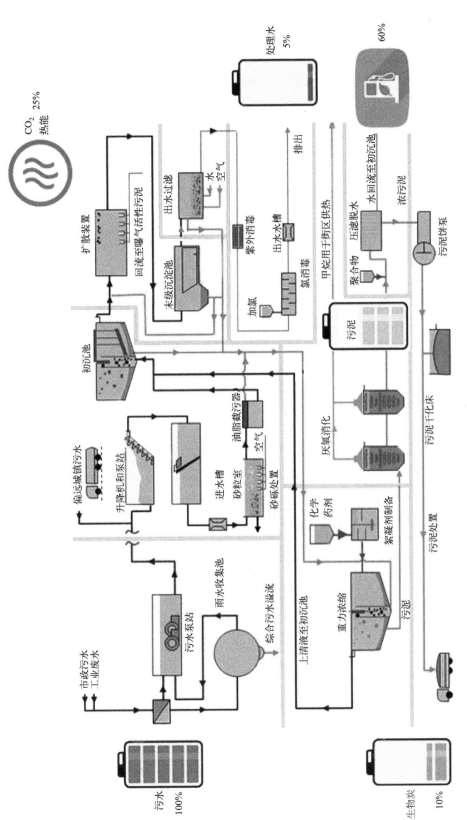

图 2.7.11　采用微滤机、污泥热水解和热解技术的污水处理厂能量平衡

参考文献

[1] Rusten B, Wien A, Wessman F G, et al. Treatment of wastewater from the new oslo airport and surrounding communities using moving bed biofilm reactors and chemical precipitation. Second CIWEM and Aqua Enviro Biennial Conference on Management of Wastewater, 2002, 2.

[2] Rusten B, Hem L, Ødegaard H. Nitrogen removal from dilute wastewater in cold climate using moving-bed biofilm reactors. Water Environmental Research, 1995, 76: 65-74.

[3] Wett B, Buchauer K, Fimml C, Energy self-sufficiency as a feasible concept for wastewater treatment systems. IWA Leading Edge Technology Conference, 2007, 21: 21-24.

[4] Gikas P. Towards energy positive wastewater treatment plants. Journal of Environmental Management, 2017, 203: 621-629.

2.8 中德城镇污水处理厂提标改造对比：背景、发展和趋势

报告人:恽云波，德国亚琛工业大学水资源管理和未来气候研究所博士工程师，中国大区项目总协调

2.8.1 德中两国污水处理概况

根据 2017 年的统计数据，德国污水处理厂的收集率已超 95%，9307 个市政污水处理厂对应 1.52 亿服务人口当量、2750m³ 的日处理能力。而中国由于农村地区存在的明显缺陷，连接率接近 90%，全国约 3800 个污水处理厂对应 1.89 亿立方米的日处理能力。德国污水处理厂通常以人口当量及（生物）需氧量进行设计，每人每天所排 BOD_5 可近似估计为 60g，中国污水处理厂则普遍以进水流量来进行设计。中国人口超 10 倍于德国，而污水处理能力仅为德国的 6 倍。通过对比德中两国部分地区污水厂进水浓度可以看出，中国污水处理厂低浓度、低碳氮比给目标物质的降解带来了困难。

对比中国和德国的进出水污染物情况（如图 2.8.1），可发现中国（以南方城市昆明和北方城市沈阳为例）污水处理厂的进水常规污染物浓度低于德国，昆明和沈阳污水处理厂进水 COD 为 210~240mg/L，总氮为 25.74~36.65mg/L，而德国污水处理厂进水 COD 为 425~547mg/L，总氮为 40.5~50.3mg/L。此外，中国昆明和沈阳污水处理厂的进水碳氮比也明显低于德国，其现象可归结为两国生活方式、管网状况、外来水渗透等多方面原因。较低进水碳氮比给目标污染物，尤其是总氮降解去除带来困难。

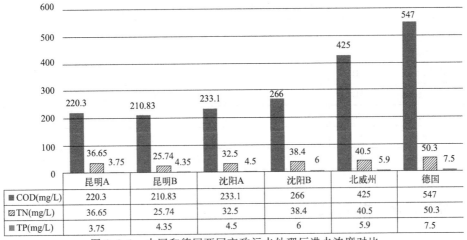

	昆明A	昆明B	沈阳A	沈阳B	北威州	德国
COD(mg/L)	220.3	210.83	233.1	266	425	547
TN(mg/L)	36.65	25.74	32.5	38.4	40.5	50.3
TP(mg/L)	3.75	4.35	4.5	6	5.9	7.5

图 2.8.1 中国和德国两国市政污水处理厂进水浓度对比

德国污水处理厂可根据服务人口当量及进水 BOD 负荷分为五个等级，德国污水排放条例中规定了关于向自然水体中排放废水最低要求（表 2.8.1）。欧盟、各联邦州及市政层面对排放要求协同作用，对于目标污染物去除率，污水处理厂尾水入湖（河）、入海等不同情况均有不同种类的要求，因此排放标准并不仅仅局限于德国污水排放条例中的要求。德国排污政策包括以下法规：排污许可（联邦水法，1957 年起实施）；排污费（排污法，1976 年起实施）；排放限制及技术标准（污水排放条例，1985 年起实施）；欧盟污水条令（1991 年起实施）。在污染者付费的核心原则下，德国各污水处理厂实际污染物出水浓度远低于污水排放条例中明确的最低排放标准（表 2.8.2），去除率常年维持在较高水准。

表 2.8.1　德国市政污水处理厂等级划分及排放条例中明确的最低排放标准

德国污水处理厂等级划分	COD /(mg/L)	BOD$_5$ /(mg/L)	NH$_4^+$-N /(mg/L)	TN /(mg/L)	TP /(mg/L)
	标准瞬时样				
第一级别 日负荷少于 60kgBOD$_5$，1000 人口当量	150	40			
第二级别 日负荷 60～300kgBOD$_5$，1000～5000 人口当量	110	25			
第三级别 日负荷 300～600kgBOD$_5$，5000～10000 人口当量	90	20	10		
第四级别 日负荷 600～6000kgBOD$_5$，10000～100000 人口当量	90	20	10	18	2
第五级别 日负荷大于 6000kgBOD$_5$，大于 100000 人口当量	75	15	10	13	1

表 2.8.2　2016 年德国 DWA 统计的各联邦州污水处理基数及效果[1]

项目	巴符州	巴伐利亚	西部诸州	北部地区	东北地区	北威州	东部地区	总计或平均
污水处理厂总数	917	1451	1387	524	277	502	500	5558
年平均进水量/×10^{6}m^3	1678	1475	1486	848	486	2301	454	8728
连接人口/×10^6 人	21.6	23.7	18.0	21.8	13.1	31.6	7.8	137.6
人均进水量/[m^3/(人·a)]	100	82	96	51	42	104	76	82
COD 进水/(mg/L)	438	437	453	867	983	425	575	547
COD 出水/(mg/L)	19	26	22	38	45	25	27	27
TN 进水/(mg/L)	41.2	49.9	44.5	72.2	84.7	40.5	56.4	50.3
TN 出水/(mg/L)	9.1	9.5	8.2	8.8	11.6	7.2	9.4	8.7
TP 进水/(mg/L)	6.1	7.6	6.5	11.3	12.4	5.9	8.4	7.5
TP 出水/(mg/L)	0.48	0.84	0.84	0.56	0.66	0.41	0.87	0.62

2.8.2　德国污水厂提标改造背景

近年来，随着污水处理技术的发展饱和，中国污水处理厂提标改造一般指生产能力的扩容及出水标准的提高，有时也与投资能力和处理成本优化相关。

早在 19 世纪末期，德国建立了首个污水处理厂，截至目前已有 120 多年的历史。从首个污水处理厂建成投产到 1976 年德国开始施行排污费政策，德国的污水处理厂提标改造的内容主要是第一、第二级处理工艺的完善；1985～2010 年开始施行排放限制及技术标准，该阶段德国提标改造的主要内容是第三级处理工艺的完善；而近十年来，德国污水处理厂提标改造的主要内容则是第四级污水处理工艺的发展及能耗的优化。德国对于提标改造的措施方向包括：成本优化、工艺优化、运行过程优化、控制过程优化、管网、进水水质及处理能力优化、管理人员实践培训及污水中资源及能源回收。

在能耗优化方面，德国做了大量的工作。对污水处理过程中的能耗分布情况进行分析，发现能源优化潜能位于生化及污泥处理过程（图 2.8.2）。针对污泥处理过程的能源优化，德国研发了污泥消化与热电联产相结合的技术，可有效回收污泥处理过程中的热能。德国水协会（DWA）总结了各工艺段的理想能耗情况及其核心设备的选型、能耗估算方法，并形成了德国污水处理厂能耗优化指南及规范。

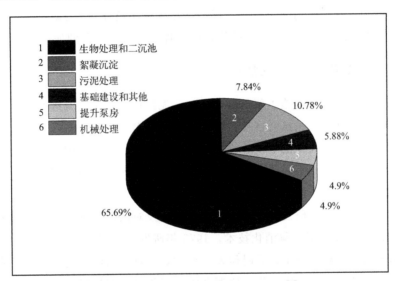

图 2.8.2 德国市政污水厂能耗分布[2]

德国污水厂能耗分布证明能源优化潜能位于生化及污泥处理过程。德国水协会以及北威州能耗手册详细阐述了污水处理厂各工艺处理段及其核心设备的设计选型，能耗估算方法以及理想能耗范围。其主要步骤如下[2,3]：（1）充分调研污水处理厂运行现状，建立热耗、电耗平衡；（2）计算能耗评估指标初步判断污水厂能耗等级；（3）计算各工艺段及设备理想能耗；（4）理想值与现实值对比，初步确认能耗优化措施（降能措施/产能措施）；（5）估算节能效果以及经济效果，确认节能方案以及优先等级。

2.8.3 污水厂提标改造典型措施与案例

2.8.3.1 生化过程的能耗优化措施

具体而言，德国针对污水厂生化过程中的能耗优化主要的措施包括：（1）优化泵系统；

（2）优化曝气系统的优化；（3）合理调整回流污泥流量；（4）减半器运转优化；（5）优化电力供应及电控系统；（6）处理池容与实际负荷相匹配。

截至 2015 年，德国平均能源自给率已高于 30%，大型污水处理厂超过 60%。以德国维克贝格污水处理厂为例，其设计规模为 47000 服务人口当量，主要工艺为 AB 法＋过滤，B 段为 AO 工艺。该污水处理厂升级改造前的平均能源自给率 32.5%，按照能耗优化规范精确分析对比，B 段曝气及泵耗远超理想值。经模拟计算机及现场验证，确认了包括改变泵坑水位、电动阀替代止回阀、曝气头优化、B 段分多点进水（回流及内回流优化）等诸多节能优化措施，年节能潜力高达 343MW·h；另增加管理设施顶面与墙面太阳能光伏发电、砂滤池水位落差发电两大产能措施，年产能潜力达 87.3MW·h。

成都温江第一污水处理厂日处理水量 48000m³，采用氧化沟工艺，吨水处理耗能为 0.17kW·h，在 0.2kW·h/m³ 的建议值以下。但传统生化工艺能耗取决于 COD 负荷及曝气强度，在进水浓度较低的情况下，吨水耗能为 0.2kW·h 并非合理标准。参考德国 DWA 协会（水、污水和废弃物处理协会）能耗优化指南，经分析与现场验证，确认了废弃原有的两组两线的氧化沟设计，改为两组单线处理，从而将污泥负荷从 0.2kgBOD/(kgMLSS·d) 提升到 0.5kgBOD/(kgMLSS·d)，此措施可明显提升氧化沟工艺的处理效率。

2.8.3.2　污泥处理过程的能耗优化措施

针对污泥处理过程优化措施主要包括：（1）污泥好样稳定工艺升级为配套热电联产的污泥厌氧消化工艺，提升能耗自给自足率；（2）将非集中型高浓度污水直接输入污泥消化塔以提高沼气产量；（3）采用高效的电机；（4）对脱水滤液进行厌氧处理；（5）条件允许时采取能耗少的污泥干化系统，如太阳能污泥干化系统；（6）沼气发电机所产生的废热用于热解或污泥干化。

近数十年来，德国通过研发新兴的污水处理工艺及对污泥处理配套产能措施达到减少能耗的目的。1925 年研发污泥厌氧消化技术，1975 年研发了污泥焚烧技术，2005 年和荷兰团队共同研发测流厌氧氨氧化技术，同时研发序批式好氧颗粒污泥工艺。这些工艺的研发，大大加快了德国污水处理厂在未来升级为资源及能源回收平台的过程。

2.8.4　污水处理厂资源回收

磷存在于人体所有细胞中，是维持骨骼和身体发育的必要物质，几乎参与所有生命活动中的生理化学反应。在全球范围内，磷已逐渐发展成为战略资源。中国磷矿资源占世界总资源的 7%，且中国的富磷矿比例比较低。美国地质调查局（USGS）数据显示，中国已知的磷矿储量静态利用年限为 37 年。依据中国的学者研究结果，平均品位为 23% 以上的矿也仅能利用至 2032 年。一些预测也表明，中、高品位磷矿石仅能支持中国国内需求 30 年左右。由此可见，中国磷矿石资源稀缺性将不断提升。此外，磷矿在开发利用过程中对矿山及其周围环境的产生污染（废水、废气和噪声）亦不可忽视。

德国政府很早便提出了回收污水污泥中磷资源的战略思想。早在 2002 年，德国联邦政府环境专家委员会提出建议"开发和进一步开发从废水和污泥中回收磷酸盐的热工艺"。德国于 2005 年起开始研究磷回收技术，自 2015 年德国逐渐限制市政污泥农用，至 2025 年底基本要求大型市政污泥进行干化焚烧和磷回收利用。德国于 2017 年 10 月 3 日通过了对《污水污泥条例》的修订，其核心内容是要求从污水污泥或其焚烧灰中回收磷。按新条例，城镇污水处理厂污泥需进行磷回收处理。对于人口当量大于 10 万的污水处理厂，过渡期的截止期限在 2029 年 1 月 1 日；人口当量 5 万～10 万的污水处理厂的期限在 2032 年 1 月 1 日，在期限日之前，污水处理厂污水污泥可按现状遵循肥料法继续用作土壤肥料；在过渡期之后，含磷量大于 20g/kg 总固体的污水污泥需采用磷回收工艺，要求从污水污泥总固体中回收 50％以上的磷，或将污水污泥焚烧灰中的磷含量降低到不足 20g/kg 总固体或需从中回收 80％以上的磷。人口当量≤5 万的小型污水处理厂产生的污水污泥则暂不受制于该新修订条例。

　　磷回收技术工艺流程如图 2.8.3 所示，主要包括：（1）从污泥焚烧灰烬中回收（湿法化学、热法化学、电法、生物萃取）；（2）从消化后但未脱水污泥中回收（结晶、洗附、酸化及热解消化）；（3）从污泥脱水滤液中回收（结晶法、沉淀法）；（4）泥饼农用。

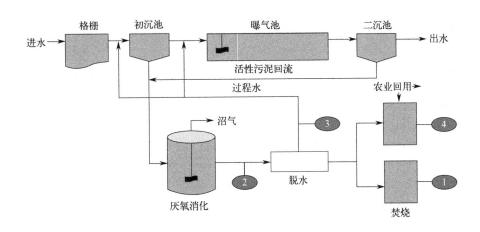

图 2.8.3　磷回收技术工艺流程[4]

　　目前，较成熟的污泥脱水上清液回收工艺包括混合式和流化床式。混合式包括 Phos-paq、Anphos、Nuresys 等工艺，流化床包括 Phosnix、Pearl、Wasstrip 等工艺。上述工艺磷的回收率在 70％～90％不等。浓缩污泥回收工艺主要包括 AirPrex 和 Seaborne 等，其中以二氧化碳吹脱和磷酸铵镁结晶沉淀技术为主线的 Airprex 工艺已成功在德国 Moenchen-gladbach-Neuwerk 污水处理厂、德国柏林 Wassermannsdorf 污水处理厂和荷兰阿姆斯特丹污水处理厂得到应用。

　　污泥焚烧飞灰回收工艺主要包括热处理工艺和湿化学处理工艺。湿化学处理工艺通过酸溶液或者有机溶液将磷从飞灰中溶解，进而沉淀分离。干式热处理工艺是将污泥焚烧飞灰高温加热熔融后将磷元素分离。2020 年世界上最大的磷回收污水处理厂投入运行，采用德国汉堡 Tetraphoss 工艺，每年可在 2 万吨单一焚烧灰烬中回收 7000t 纯磷酸。主要工艺过程为酸洗、石膏沉淀、离子交换及提纯/回流（图 2.8.4）。

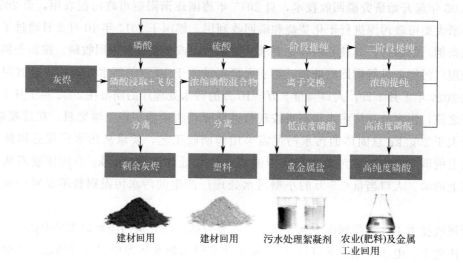

图 2.8.4　德国汉堡污水厂磷回收工艺流程

参考文献

[1]　DWA. 29. Leistungsvergleich kommunaler Kläranlagen；Deutsche Vereinigung für Wasser writschaft, Abwasser und Aball e. V. , 2016.

[2]　DWA. DWA-A 216 Energiecheck und Energieanalyse- Instrumente zur Energieoptimierung von Abwasseranlagen；Deutsche Vereinigung für Wasserwritschaft, Abwasser und Aball e. V. (Hrsg.)2015,Hennef.

[3]　Pinnerlamp J, Schröder M, Bolle F W, et al. Energie und Abwasser Handbuch NRW；Ministerium für Umwelt, Landwirtschaft, Natur- und Verbrucherschutz des Landes Nordrhein Westfalen (Hrsg.), 2017,Düsseldorf.

[4]　Montag D. Phosphorrückgewinnung aus Abwasser und Klärschlamm - Stand der Forschung und Technik；14. Kölner Kanal und Kläranlagen Kolloqium (KKKK),Aachener Schriften zur Stadtentwässerung, 2013.

2.9　北美智慧水务的发展与未来

报告人：王禹浪，　ALCLE Environmental Solutions Inc.，副总裁

2.9.1　智慧水务体系架构

智慧水务是指将新兴的信息技术充分运用于城市水务综合管理体系中，通过信息通信技术（ICT）、大数据建模与智能决策支持系统的集成应用，解决一系列水环境相关的问题。技术层面上，智慧水务在传统水务行业技术与认知的基础上，将物联网、大数据挖掘建模、云平台、人工智能算法等新兴技术手段进行复合型集成应用，从而实现更好的水务行业信息化建设和决策流程智能化。智慧水务的优势包括：（1）将水务系统的各个环节紧密相连，实现各环节技术互联互通互相协作；（2）显著提高水务公司掌控能力和管理效率；（3）增加水务系统的安全性，进行成本控制；（4）利用智能分析预警系统增强操作弹性和灵活性；（5）监控系统提供的实时数据，随时掌握供水的分布情况、污水排放情况及水处理各环节的运行情况。

智慧水务体系的基本架构分为三个阶段：水务信息数据化实现运营经验的数据化、水务分析智能化打破数据分析的时空界限、水务决策智慧化实现人脑＋机器的双重决策保险。智能化和智慧化的区别在于智能化将数据形成模型，各项数据实现实时展现，为运营管理者提供数据支撑；智慧化是指由数据结果通过类似人工智能技术等指导人类管理。

首先，水务信息数据化是将海量的多类别水务基础信息进行数据化整合，并将终端数据构建成直观可用的数据信息网络，涉及方面包括传感器开发、物联网硬件搭建、底层数字化信息系统（如 SCADAGIS）搭建、云计算硬件搭建等。其次是水务分析智能化，是通过多维度（如地理信息、水质信息、水力信息、经济信息等）数据交互挖掘技术，大数据模型建立及智能分析预警技术等，为水务公司的运行管理提供可靠数据依据，它打破了数据分析的时空界限。在搭建完成高质量的水务信息数字化系统的同时，随即而来的问题是如何实现海量数据的存储、流通和处理，真正打破数据信息整合与分析的时空界限，也就是需要解决传统分散式信息存储与处理系统经常遇到的软硬件问题。在智慧水务场景下，智能传感系统每时每刻都在高速收集并向数据中心上传各类型数据，对这些数据若管理不当将造成“信息爆炸”，使整体软硬件系统进入超负荷运转。以上问题在其他行业领域同样存在，云计算相关技术也在这样的大背景下应运而生，其在大数据的存储和管理中发挥着重要作用，日常使用的应用程序和网站，背后都离不开云计算的支持。最后，水务决策智慧化是指整合并实现多维度数据实时一体化收集、挖掘和决策调度，为各应用层面决策提供智能化数据分析支撑，

利用深度学习和机器学习的强大运算功能代替人工处理大量密集的复杂信息，进一步提高水务运行管理的决策效率和能力，构建人脑＋机器的双重决策保险，从而满足城市化高速发展大背景下的水务需求。

2.9.2　智慧水务的历史与发展

智慧水务的发展目前经历了三个阶段的演变。

第一阶段：20世纪中期，美国提出用机器辅助人脑进行水务运营与管理。

第二阶段：第三次工业革命时期，电子设备及信息技术（IT）开始被广泛采用以进一步提高水务管理的精准化及自动化水平。

第三阶段：德国提出的工业4.0概念已深入到应用阶段，在水务领域表现为充分利用智能感控系统实现系统高度自动化，并逐步实现主动排除水务运行故障和管理疏漏的功效。

1973年，国际水协会（IWA）的前身国际水质协会（IAWQ）举办了第一届仪器化、控制化和自动化会议（ICA），并在此后每四年举办一届并延续至今。对于智慧水务领域，1991年水信息学概念在这一年被正式提出。水信息学在一定程度上是基于ICA的概念建立的，但与ICA的理念略有差别，水信息学更加重视在硬件基础上，积极吸收现代信息技术，以数值模型、GIS、SCADA等成熟技术手段，为利益相关方提供智能化的水务解决方案。近五年来，依托于物联网、人工智能、云计算等尖端技术的突破性发展，智慧水务技术进入了新一轮的高速发展期。大量的先进技术理念与开创性产品不断涌现，再一次引起了全球性的广泛关注与讨论。在水务行业此轮技术创新融合的大背景下，行业整体智慧化改革已经进入实质性产业应用层面，不断催生出新型的行业形态和商业模式。

北美智慧水务技术起步较早，发展也相对系统，从ICA到水信息学，再到智慧水务，整个技术路线保持了延续性，同时非常注意与传统水务需求兼容；传感器的种类得到极大扩充，性能得到普遍提升，应用领域也得到有效拓展，为智慧水务底层"感官"硬件构建打下了坚实基础并收集了大量高质量数据；随着大数据智能算法的不断革新，北美水务服务商对所获取数据的智能化利用已经进入实际项目应用层面。

中国智慧水务行业正处于整体布局和技术爬坡阶段。技术发展阶段属于水务信息数据化阶段，现阶段的发展重点在于完善底层数据采集（如水质、资产等数据）与数据监控存储系统（如地理信息系统及SCADA等系统）。精准高效的底层数据收集系统是水务系统智能化的必要条件，是数据分析以及决策流程准确性的根本保障。目前国内水务信息化底层建设的开展速度不断加快，各水务服务商与相关企业在技术发展水准上参差不齐，行业整体仍有很大的上升空间。

目前智慧水务市场在整个水务市场占比还较小，但是增长速率很快。据统计，2017年全球智慧水务市场规模约为96亿美元，2018年起年复合增长率约为18.5%，预计到2024年底将增长至316亿美元。

中国智慧水务的发展和全球的发展趋势也是非常吻合。2016年，中国水务行业的年度投资额达到4963.52亿元，截至2017年中国水务行业投资额为5276.78亿元。预计到2023年，中国水务行业的年度投资额将突破8600亿元。随着水务投资规模的增加，智慧水务将迎来发展的黄金期，预计到 2023 年，中国智慧水务行业规模将达到 251 亿元左右（图 2.9.1、图 2.9.2）。

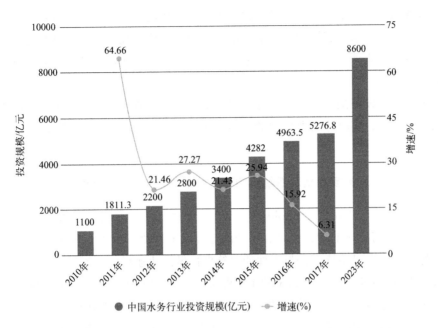

图 2.9.1　2010～2023 年中国水务行业投资规模统计及增长情况预测

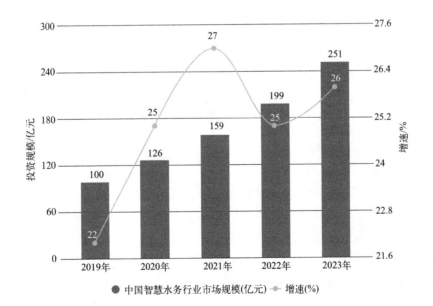

图 2.9.2　2019～2023 年中国智慧水务行业市场规模统计及增长情况预测

智慧水务的未来发展目标为利用物联网、云计算等新一代信息技术手段实现水厂智慧化管理，提质增效；建设全过程智慧水务系统，提高运维服务质量，融入智慧城市体系。

2.9.3　智慧水务的技术和案例分析

智慧水务的产品主要分为硬件类和软件类，其中智能硬件类主要是指：

（1）智能水务体系的底层即感知层是物联网传感通信系统，主要通过智能传感器、智能仪表等硬件设备采集外部物理世界的数据，然后进行传输，实现水务企业运维过程中信息的自动化采集；

（2）智能传感设备是水务网络运行的感知基础，其性能决定着所收集数据的质量，并对后续数据整合分析、实时分析处理的效率以及所得到的有效数据（决策依据）具有重大的影响。

2.9.3.1　案例一：厌氧废水处理系统中的微生物活性及 BOD 监控预警系统

速锐是由 Island Water Technology（IWT）公司研发的对厌氧废水处理系统中的微生物活性及 BOD 进行实时监控、记录、预警的综合系统（图 2.9.3）。传感器表面具有电化学活性微生物膜，可以对系统失衡与毒性冲击等事件做出快速反应。速锐传感器在数据生成后既可以通过现有设备输出 $4\sim20mA$ 的电流信号，也可以在 IWT 提供的云端平台上显示实时数据。速锐传感器的监控与预警功能可以大幅度减少厌氧废水处理系统中的系统失衡事件，从而帮助用户避免大量经济损失（多至 20 万美元/事件）。该技术在美国和全球其他国家拥有 3 项技术专利。

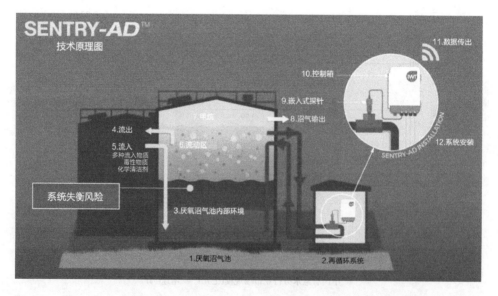

图 2.9.3　厌氧废水处理系统中的微生物活性及 BOD 监控预警综合系统

厌氧废水处理系统中的微生物活性及 BOD 监控预警综合系统的优势包括：高性价比，有效解决排污达标问题；降低风险，预防有害事件与系统失衡；细节监控，识别系统运行轨迹；提升效率，最大化沼气生产速率；实时监控，支持通过各种终端设备监控微生物状态；提前预警，防患有害事件与系统失衡与未然；精确诊断，发现系统问题匹配具体操作；可与已有和新建处理设备实现轻松安装；远程连接。

厌氧废水处理系统中的微生物活性及 BOD 监控预警综合系统应用于加拿大 Fredericton 的某污水处理厂。主要目的是实现对厌氧消化水处理系统中的生物活性（代谢活性）物质进行实时监测和数据传输，同时提供微生物稳定性性能分析，确保处理系统中的微生物处理效率，以进行长运行周期的处理效果监测和优化。通过系统精确识别温度波动事件、膜冲洗事件、进水间隔期后重新进水事件以及参数调整对水中微生物活性产生冲击等事件。该系统应用的是目前世界上少有的生物燃料电池技术成功商业化应用的传感器，该传感器通过相应参数改变对微生物电子转移产生的影响，可准确监测出系统运行和处理效果的变化，从而进行系统优化。传感器的监控与预警功能可以大幅减少厌氧废水处理系统中的失衡事件，从而帮助用户避免大量经济损失。

2.9.3.2 案例二：法国 Dynamita 公司的污水处理工艺模拟软件 SUMO

智能软件类产品是指智能软件的出现和应用能够帮助水务管理者高效地搭建信息架构，并辅助人脑在决策体系中完成分析、决策生成、优化等过程。智能软件在数据分析、数据存储、流程管控、资产管理、水务运营等方面具有强大的处理能力以及多维度信息整合关联能力，为传统水务企业提供了更有效更灵活的决策管控方案。

法国 Dynamita 公司开发的用于污水处理工艺模拟软件 SUMO（图 2.9.4），全球唯一工艺流程开源的模拟软件以及全球唯一基于任务流的模拟软件，用户界面非常直观简单，易于用户学习，同时可以实现多元化的模型选择，可用于：（1）更优化的生物除磷、化学除磷模型；（2）硫生化途径模拟（异味、氧化还原电位计算）；（3）热水解消化（THP），厌氧消化，好氧消化；（4）沉淀和旁流处理（全程自养脱氨氮）。

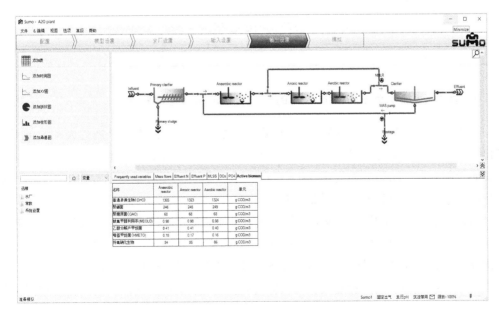

图 2.9.4 污水处理工艺模拟软件 SUMO 截屏

美国达拉谟污水处理厂使用了上述污水处理工艺模拟软件。该厂位于美国华盛顿州，处理规模为 $80000m^3/d$，处理工艺为传统活性污泥法（图2.9.5）。该厂存在运营问题为政府在旱季和雨季对氮磷排放标准有不同规定，需要设计运行方案满足不同季节出水标准。采用的解决方案是使用模拟软件进行全污水处理厂建模，通过数值模拟，调整最佳运行方案（表2.9.1）。

图2.9.5　美国达拉谟污水处理厂

表2.9.1　达拉谟污水处理厂出水模拟结果　　　　　单位：mg/L

XTSS	2.86	2.9
TCOD	22.4	21.0
TBOD$_5$	2.65	6.9
TKN	1.6	1.8
SNOX	12.2	17
SMg	4.24	5.1

2.9.3.3　案例三：加拿大 EMAGIN 公司的全流程智能水务管理软件

加拿大 EMAGIN 公司的 HARVI 实时虚拟智能自适应控制系统是通过人工智能对输入和输出数据关系进行学习，提供提前24h的预测技术，可以帮助运营商以最小的支出，轻松实现实时智能管理的功能，如优化维护和停机时间、预测关键性能驱动程序、处理紧急情况等，从而最大限度地节省成本（图2.9.6）。

HARVI 的人工智能模拟是基于行业资深工程师的多年实践经验以及项目的实际需求所设计。正如经验丰富的医生治疗病人一样，HARVI 针对项目中所需要解决的问题，从实际需求出发，为客户提供值得信赖的解决方案。HARVI 的智能控制主要分为三个步骤。

（1）预测：HARVI 能够读取实时输入的数据，并以此来预测接下来24h内项目运行的情况。

（2）对比识别：HARVI 通过高级识别算法将预测结果与经验数据进行匹配。

（3）一旦找到匹配度最高的结果，HARVI 会针对该结果提出经验证的最优解决/执行方案。

该软件的主要功能如下。

（1）帮助用户达成项目需求，比如减少运营成本、达到排放标准或是完成生产目标。

（2）通过对设备运行的健康程度进行监控，优化其维护周期：HARVI 通过监控当前的执行情况预测未来的运行表现，然后使用此信息来计算设施的使用寿命。

（3）通过实时监测运行事件来主动排除故障。

（4）针对运行状况对系统提出实时建议以确保实现设定目标。

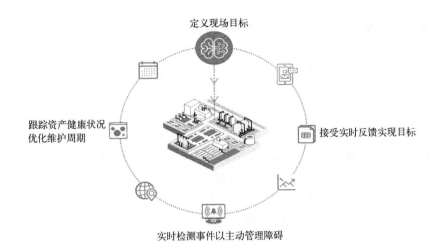

图 2.9.6　HARVI 实时虚拟智能自适应控制系统

英国最大的水务公司 United Utilities 主要经营西北英格兰大约 700 万人口（英国总人口的 10％）的给排水业务，同时为数家大型工业用户提供用水和废水处理。公司每天为居民供水 180 万立方米，每年消耗 35000MW·h 能源。HARVI 通过实时监测、控制泵以及设定可控流量元件数值，在确保系统性能可靠性的前提下，最大限度地减少水资源流失和水质变色事件的发生。按超过 8 年合约期计算，EMAGIN 公司的 HARVI 能够帮助该水务公司节省总计 1500 万英镑。

2.10　侧流生物除磷工艺在低碳氮比水质中的应用

报告人：肖威中，美国 T&M Associates 公司，博士、总工艺设计师

2.10.1　低碳水质除磷瓶颈

提质就是排放标准提高，增效是如何尽量降低运行成本。在污水处理过程中同时提及水和污泥的处理时通常把水的处理称为主流，而把污泥处理称为侧流。为了最大化提质增效，需要同时考虑如何最优化主流以及侧流的改进。对于低碳水的除磷，可以利用侧流和强化生物除磷（EBPR）结合工艺即耦合水和污泥来增加污水的除磷效果，降低运营成本。优化低碳水的除磷，需要了解低碳废水除磷的瓶颈在哪里。在不是为除磷特意设计的流程中，生化污泥的含磷量为 $0.02\sim0.03\text{mgP/mgVSS}$，而 EBPR 中污泥的含磷量为 $0.06\sim0.15\text{mgP/mgVSS}$。目前在工程设计中通常认为 EBPR 主体微生物聚磷菌（PAOs）分为两类：一类是 *Accumulibacter*，隶属于 Betaprotebacteria 纲；另一类是目前关注较多的 *Tetrasphaera*，隶属于 Actinbacteria 纲。EBPR 发展的瓶颈之一是目前 PAOs 无法实现单独纯培养基培养，更多的是根据在受多重因素影响下的复杂环境中进行观测和推理，从综合效果来判断。尽管经过长时间的摸索，无论设计、运行如何优化，在实际过程中的一个无法解决的瓶颈是 EBPR 工艺本身运行并不稳定，出水水质波动，因此多数 EBPR 工艺需要加除磷药剂才能确保出水达标。目前促成 EBPR 高效稳定运行的必要条件，一方面是厌氧、好氧交替运行，创造释磷、吸磷条件；另一方面碳源需要盛宴、匮乏交替，提供释磷、吸磷的辅助条件。具体而言，影响 EBPR 效果的因素有：（1）原水中的碳磷比（C/P），即易生物降解 COD（rbCOD）/P 的比值；（2）进入厌氧区硝态氮和溶解氧（DO）的负荷；（3）工艺设计的厌氧污泥占污泥总量的比值；（4）总污泥龄，以及相应的厌氧污泥泥龄；（5）水体 pH 值；（6）和 PAOs 竞争 rbCOD 的微生物聚糖菌（GAOs）的丰度；（7）二次磷释放；（8）处理水的温度。因此，不同污水处理厂工艺设计和运行调整主要考虑：（1）减少进入厌氧区的硝态氮；（2）减少进入厌氧区的 DO；（3）尽量增加厌氧污泥占总污泥的比重。不同污水处理厂的不同工艺，从除磷角度考虑应最小化厌氧区和缺氧区的重叠，让厌氧区真正地做到厌氧，实现释磷的功能。EBPR 的 C/P 比通常有三种情况（出水 P<1mg/L）：总 COD(tCOD)/P>40、rbCOD/P>16 和挥发性脂肪酸(VFA)/P>4～8。其中，rbCOD/P 更有实际意义，比值越高通常除磷效果越稳定（图 2.10.1）。美国市政污水的特征是 rbCOD/tCOD 为 0.1～0.2，rbCOD/P 为 5～40，OP/TP 为 0.2～0.6，VFA/rbCOD 随温度变化大，典型 tCOD 为 400～500mg/L。美国市政污水的 tCOD 比中国常见的 100～200mg/L 高很多。一般来讲，

rbCOD/P 的值越高对于脱氮越好，但其比值越高，除磷效果不一定越好。在工程上，rb-COD/P 的比值在 20～25 是最优的（表 2.10.1）。污水处理厂应对低碳源的实际情况，一般采取外加碳源或利用污水本身的碳源。通常所用的外加碳源包括甲醇、乙酸或者经过测试的不会对主流处理产生负效应的工业废水等。增强污水本身的 rbCOD 可以通过利用对初沉池污泥、剩余污泥（WAS）或者回流污泥（RAS）以及混合污泥（MLVSS）的发酵来获得。其中利用 RAS 或者 MLSS 发酵产生所需要的 rbCOD 的工艺被称之为 S2EBPR，其全名为 Side-Stream Enhanced Biological Phosphorus Removal，通过发酵 RAS 或者 MLVSS，利用微生物衰亡之后释放的碳源来解决低碳水质除磷的瓶颈。该工艺不仅提供了低碳条件下所需的 rbCOD，还对 PAOs 的组分和结构产生有利于 EBPR 的影响。

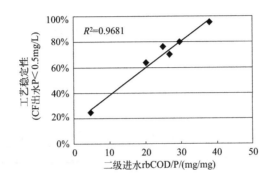

图 2.10.1　rbCOD/P 比值与强化生物除磷效果的关系[1]

表 2.10.1　进水 rbCOD/P 比值与磷去除率的关系[2]

进水 mgrbCOD/mgP	出水 OP<1.0mg/L 累计频率	出水 OP<0.5mg/L 累计频率	磷去除率/%
20	0.85	0.60	97
35	0.86	0.63	95
50	0.50	0.31	82

2.10.2　S2EBPR 工艺特点

S2EBPR 的实现需要根据不同的主流处理工艺以不同的方式来实施。目前主要的实现方式包括四种。

（1）SSR 模式（图 2.10.2）。在这种模式下，5%～30% 的 RAS 单独设立停留时间为 16～48h 的 RAS 发酵区域，RAS 在发酵区停留后再送回到主流中连续低强度搅拌，主流只有 4 段式 Bardenpho 脱氮和 COD 去除功能，一部分异养菌在发酵区衰亡，释放出 COD，PAOs 吸收 VFA 释磷。

（2）SSRC 模式（图 2.10.3）。其特点是几乎 100% 的 RAS 进入单独 RAS 发酵区内，除此之外，该发酵需添加外加碳源，譬如初沉池污泥发酵产生的发酵液。这个模式下，RAS 和外加碳源的混合液的停留时间通常要比 SSR 模式短很多，可以控制在几个小时之内。

此（COD）P的值越高对于除氧越高，因而其比值要高。（若下有比）若（若COD）P的比值较高的图2.10.3）的未来图1.那可除氧越的重要越点。一般比为加速越离为例子加速的线越越。随后需越越加越越越图1。乙等等越越越越的

于好和阳比为 MLSS，乙阳等等为乙比为 HC（好比较值比2年EC比比）可DBPR，乙为乙为乙好比、Struin等为 Biofocus 的比比为例 Bioprocesses 乙比例等例为 K 乙为比比为 MLV-4。除此等为、乙为以乙等比例等为乙比例越越越乙越越乙越乙为例等比好好阳比等例下比为
乙 HC乙等比 SS，而乙乙比例阳比乙乙乙乙乙。

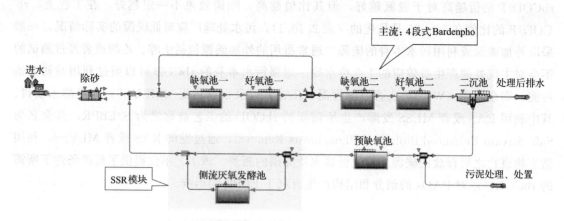

图 2.10.2   S2EBPR 工艺-SSR 模式

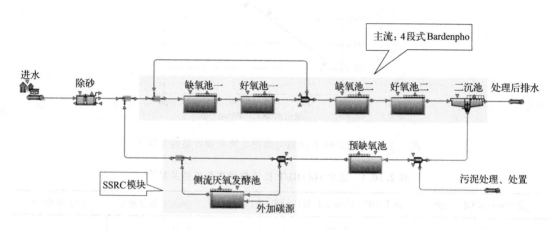

图 2.10.3   S2EBPR 工艺-SSRC 模式

（3）SSM 模式（图 2.10.4）。这种模式是将主流区内的 5%～15% 的厌氧池内的污泥混合液（MLSS）单独抽取出来置于静止或最低化搅拌的池中，池体设计提供水力停留时间（HRT）5～15h，污泥停留时间（SRT）约为 2 天。上清液及污泥回流至主流的缺氧或厌氧池中。

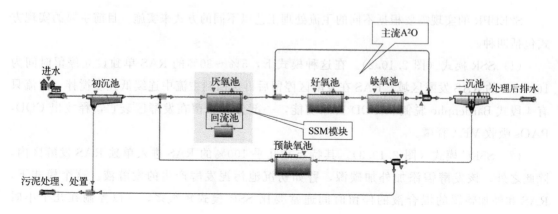

图 2.10.4   S2EBPR 工艺-SSM 模式

（4）UMIF 模式。当污水处理厂面积有限无法建造新污泥发酵区时，根据不同情况可采用 UMIF（UnMixed in-line MLSS fermentation）模式（图 2.10.5），利用原主流工艺中的厌氧区段，最小化搅拌（5～10r/d），原水和 100% 混合污泥通过该区段；HRT 设置 0.5～2h 不等，具体取决于原设计；SRT 设置 2～3d，通过最小化搅拌，使污泥在"静止区"沉淀来实现；一部分异养菌在发酵区衰亡，释放出 COD，PAOs 吸收 VFA 释磷；"搅拌区"实现脱氮和 COD 去除。上述几种模式的一个共同点是原主流中厌氧释磷工艺段转移至 RAS 或者混合污泥发酵区，即侧流工艺段；原主流中好氧吸磷仍然维持不变；侧流厌氧发酵仍然受 RAS 中硝态氮、DO 影响；原主流脱氮不受改变，原水携带的 rbCOD 可以用来脱氮。

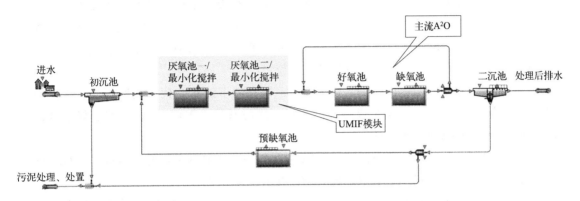

图 2.10.5　S2EBPR 工艺-UMIF 模式

2.10.3　S2EBPR 工艺效果及除磷机理

S2EBPR 工艺为什么能够提高除磷效率，增加出水稳定性呢？我们来看一个美国污水处理厂 AAO 工艺的案例。该污水处理厂前面设置了初沉池污泥发酵，实际运行中对比了有搅拌和无搅拌的情况，具体见图 2.10.6。图中横坐标是时间，纵坐标是二沉池出水磷浓度，

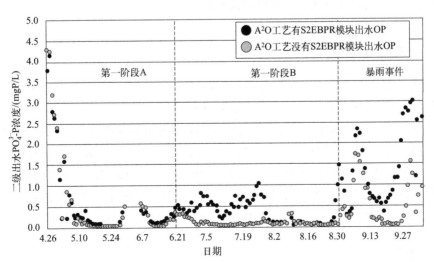

图 2.10.6　AAO 工艺有 S2EBPR 模块和没有 S2EBPR 模块出水磷浓度的变化[3]

黑色数据点是有搅拌的,灰色数据点是没有搅拌的。该图分为三个时间段,第一阶段均搅拌,出水磷浓度没有差别;第二阶段其中一个廊道的厌氧区停止搅拌,此时没有搅拌的出水磷浓度很低,在 0.1~0.2mg/L,没有停止搅拌的在 0.5~0.6mg/L,这说明 S2EBPR 工艺在 UMIF 模式下对除磷有促进效果。

S2EBPR 工艺改善除磷的机理如下。

(1) PAOs 比 GAOs 具有底物竞争优势,S2EBPR 工艺发酵产生等数量级的乙酸根、丙酸根,以 *Accumulibacter* 为代表的 PAOs 对二者的吸收速率相似,而以 *Competibacter* 为代表的 GAOs 对二者的吸收速率不同,因此 PAOs 具有更大的利用 S2EBPR 发酵产物的优势。

(2) PAOs 和 GAOs 反应动力学的差别,PAOs 在厌氧条件下能保持活性 10~20 天,而 GAOs 在 15h 之后活性减弱,S2EBPR 保持污泥持续性厌氧 16~72h,这样有利于 PAOs 的生存竞争。此外,在长时间厌氧条件下 PAOs 衰亡速率比 GAOs 要低,这也有利于减少 GAOs 的丰度,从而更加有利于 EBPR 的运行稳定性。

(3) 根据目前试验数据的推测,PAOs 在不同条件下的新陈代谢通路不同,深度厌氧(时间长、低 OPR)下 PAOs 合成更多的聚羟基脂肪酸酯(PHA),这有利于好氧区的吸磷,但这一机理仍待进一步确认。

(4) 目前认为在侧流发酵条件下,VFA 的产生是由非 PAOs 类的异养菌包括 GAOs 衰减后的结果,因此这个机理下 PAOs 比 GAOs 更具竞争优势。

(5) S2EBPR 工艺发酵区 ORP 低,为 −400~−300mV,低 ORP 下能真正实现厌氧而不是缺氧,而且低 ORP 下 PAOs 中的 *Tetrasphaera* 丰度增加,*Tetrasphaera* 可以直接利用氨基酸和单糖,扩大了底物范围,有利于除磷。

(6) 确定 RAS 和混合污泥的发酵时间,RAS 和混合污泥发酵是污泥水解、酸化、乙酸化阶段,时间过短无法达到发酵产生 VFA 的目的,而时间过长有可能会进入甲烷产气阶段,消耗 VFA,因此合理控制在 2~3 天。

(7) "强化" RAS 和混合污泥发酵,2~3 天无法释放太多的碳源,因此通过碱性条件抑制产甲烷菌,延长发酵时间,强化碳源的释放。

2.10.4 S2EBPR 案例分析

S2EBPR 工艺在实际污水处理厂已有实用案例。美国堪萨斯州劳伦斯市 Wakarusa River 污水处理厂,主流采用氧化沟式 AAO 工艺,具体见图 2.10.7[4]。该污水处理厂平均进水的 rbCOD/TP 为 13.6,设计时考虑利用污泥碳源,采用在氧化沟工艺中增加 SSM 模块,从主流厌氧池分流出一部分污泥到发酵池中,发酵后再回到厌氧池。该污水处理厂实际运行的效果如图 2.10.8 所示,进水 COD 大部分时间都在 400~600mg/L,而在雨季时,进水碳源浓度较低。S2EBPR 工艺投产并调试 2 个月后,出水 TP 浓度在 0.1~0.2mg/L,这主要得益于进水 COD 浓度较高,也可以说 S2EBPR 工艺对 TP 的去除起了作用。

2.10.5 结论

(1) S2EBPR 是通过污泥(RAS 或者混合污泥)发酵,利用微生物本身的碳源强化除

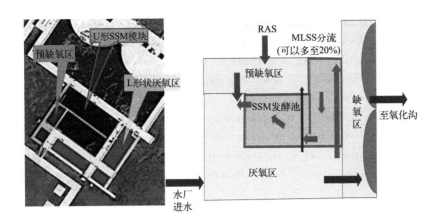

图 2.10.7 美国堪萨斯州劳伦斯市 Wakarusa River 污水处理厂 SSM 模块设计[4]

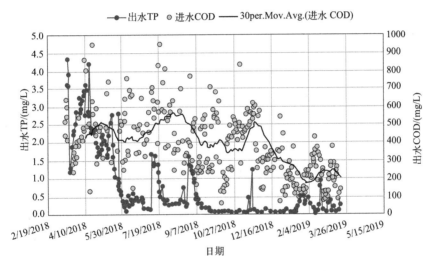

图 2.10.8 堪萨斯州劳伦斯市 Wakarusa River 污水处理厂
S2EBPR 工艺投产后进水 COD 和出水 TP 的变化[5]

磷，提高除磷效果并保持运行稳定。

（2）S2EBPR 污泥发酵时间 SRT 通常在 2～3 天，也可以根据污水处理厂现有工艺进行调整。

（3）S2EBPR 对碳源利用效率比较低，回流污泥单独设厌氧区，增加占地面积，是否作为新污水处理厂设计的推荐工艺要全面分析。

参考文献

[1] Gu A Z, Saunders A, Neethling J B, et al. Functionally relevant microorganisms to enhanced biological phosphorus removal performance at full-scale wastewater treatment plants in the United States. Water Environ. Res. 2008, 80

（8）: 688-698.

[2] Nehreen M, April Z G. Impact of influent carbon to phosphorus ratio on performance and phenotypic dynamics in enhanced biological phosphorus removal（ebpr）system-insights into carbon distribution, intracellular polymer stoichiometry and pathways shifts. BioRxiv, 2019: 671081.

[3] Wang D, Tooker N B, Srinivasan V, et al. A fll-scale comparative study of conventional and side-stream enhanced biological phosphorus removal processes. 2018.

[4] Wang D, Tooker N B, Srinivasan V, et al. Side-stream enhanced biological phosphorus removal（S2EBPR）process improves system performance-a full-scale comparative study. Water Research, 2019, 167: 115109.

[5] Sturm B, Barnard J L, Kobylinski E A, et al. Start-up of a 3-stage bardenpho WWTP with a MLSS sidestream fermenter. Water Environment Federation, 2019, Weftect Proceedings.

2.11　污水处理系统厂网联动提质增效

报告人：杨殿海，同济大学环境科学与工程学院，教授

2.11.1　厂网联动提质增效的背景

　　几千年中华文明的精髓是"敬天爱人"，"敬天"即道法自然，就是人与自然的命运共同体，"爱人"即博爱天下，就是全球人类命运共同体。生态文明的愿景是空气清新透明，水体清澈美丽，城市建筑林立，生物多样性丰富，环境整洁，社会和谐。因为社会经济的快速发展，经济发达地区的单位面积排污量超过本地区的环境容量，因此，为了应对城市人口数量的增长和经济建设投资的增加，污水处理厂必须不断进行扩容和升级改造，出水标准不断被提高，从二级标准、一级 B 标准、一级 A 标准、准地表 IV 标准到滇池流域的双 5 标准，不断进行升级改造（图 2.11.1）。图 2.11.2 比较了国内外污水处理的排放标准，可以看出除了部分重点流域以外，目前全球最严的排放标准在中国，而中国最严格的排放标准在滇池流域，即 TN 瞬时值小于 5mg/L，TP 瞬时值小于 0.05mg/L。为了满足 TN 的排放标准，流程不断被延长，生化处理段后面往往还要后续深度脱氮单元，碳源投加量不断增加。

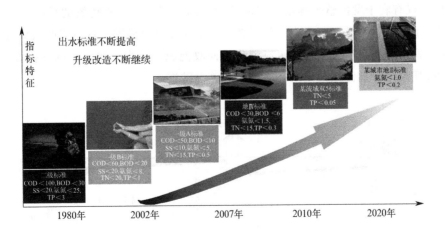

图 2.11.1　污水处理厂出水标准的变化

　　中国的污水处理排放标准严于大多数国际标准，但黑臭水体治理任务依然非常艰巨，很多城市的水体还没有达到规划的目标水质要求，甚至没有消除黑臭，根本问题在于管网，排

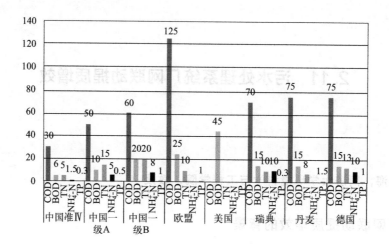

图 2.11.2   国内外污水处理排放标准比较

水管网对于城市产生的污染源收集不彻底。图 2.11.3 显示了排水管网运行过程中存在的问题。如果以处理水量来统计，中国很多城市的污水处理量已经达到甚至超过城市的自来水用水量，但实际的污染负荷收集不足 50%，污水水量好像已经收集到，但浓度很低（图 2.11.4）。另外，城市水环境整治，截流倍数大幅度提高，污水处理厂污染负荷增加的同时，混合污水水量大幅度增加，地下水入渗与地表河湖水倒灌是造成污水处理厂进水浓度远低于设计值的主要原因。比如某污水处理厂收集系统中居民楼排污口 COD 浓度为 420～960mg/L，小区出口 COD 为 322mg/L，收集管网中途 COD 为 147mg/L，污水厂进水 COD 为 118mg/L（图 2.11.5），而德国的分流制排水系统的污水处理厂平均的进水 COD 浓度可以达到 550mg/L 以上（表 2.11.1），远高于中国污水处理厂进水的 COD 浓度。较高的进水 COD 浓度不仅有利于发挥整个排水系统的效益，同时有利于污水传统的反硝化脱氮，减少甚至无需外加碳源，降低运行成本，如果在后续的脱氮过程能够实现主流的厌氧氨氧化，则丰富的碳源富集分离以后可以用于厌氧消化以回收能源，减少排水系统的碳排放量。因此，厂网联动提质增效，控源截污是水环境治理的关键措施。

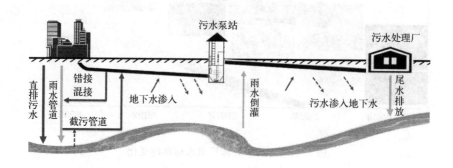

图 2.11.3   排水管网运行过程中存在的问题

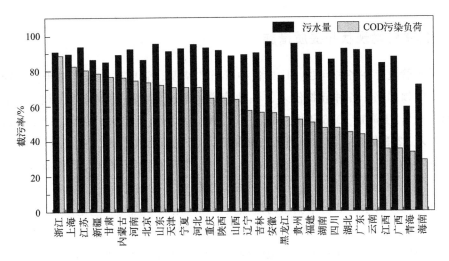

图 2.11.4 2018 年中国各地处理污水量和 COD 污染负荷的情况

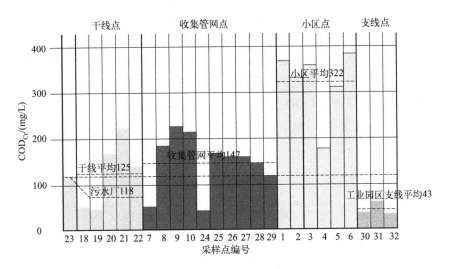

图 2.11.5 某污水处理厂收集系统的 COD 浓度变化

表 2.11.1 德国部分污水处理厂的进出水水质

参数	进水浓度 /(mg/L)	Baden-Wuerttemberg	Bavaria	Hessia/Rhineland-Palanine	North Germany	North Rine-Westphalia	Saxony	平均
COD	进水	459	545	474	808	427	594	551
	出水	20	27	224	37	25	27	27
TN	进水	43.0	51.0	46.6	67.9	41.0	54.2	50.6
	出水	9.5	9.4	8.5	8.6	7.0	10.2	8.9
TP	进水	6.1	7.6	6.5	9.8	5.7	8.0	7.3
	出水	0.43	0.77	0.60	0.55	0.39	0.82	0.59
NH_4^+-N	出水	0.80	1.44	1.68	1.38	0.90	1.35	1.26
NO_x^--N	出水	7.3	6.3	5.4	5.6	4.9	6.9	6.1
出水有机氮	出水	1.4	1.66	1.42	1.62	1.2	1.95	1.54

2.11.2   排水管网现状和提质措施

城市排水管道存在各种问题，比如各种管道的堵塞、管壁腐蚀、接口错位、管身穿孔、管壁破裂、管顶塌陷、各种异物侵入、各种管道渗漏、各种路面塌陷等。据《2016 年上海市水资源公报》，上海市 2016 年供水总量 32 亿吨，售水总量 25.24 亿吨，产生污水 23.6 亿吨，实际处理 22.2 亿吨，计算得到全市城镇污水处理率为 94.3%。相比于 2010 年 81.9% 的污水处理率提高了 12%（图 2.11.6），但实际污染负荷的处理率大约仅有 44%。徐祖信院士在 2018 年《河道黑臭成因及对策》的报告中提到三类黑臭问题：（1）管网高覆盖率城市河流黑臭；（2）污水高截污率城市河流黑臭；（3）晴天不黑臭，但是雨天黑臭，究其原因主要是有部分污水直排入河，或混接进入雨水管道系统入河。中国已建城区排水管网混接、破损和错接问题，导致排水管网实际截流效率不高，旱天雨水管直排和雨天溢流污染严重，是制约河道水质改善的根本性问题。实际上，中国城市污水管网污染负荷收集率平均仅为 61%，远低于公布的 90% 城市污水收集率。2018 年第 7 期《给水排水》发表陈玮等文章"基于产污系数法测算城镇污水处理系统的主要污染物削减效能提升潜力"，提出对全国污水管网进行修复改善，而不是一味地追求污水处理厂的高排放标准，对于整个排水系统的提质增效的效能更加显著[1]。如果通过污水管网收集效能的提高，比污水处理厂升级改造的投资效益，同样的投入可以增加 COD 去除 22 倍，增加氨氮去除 33 倍。

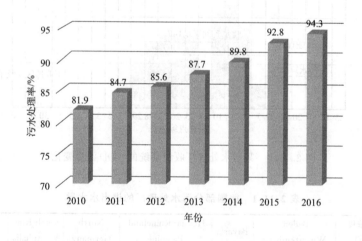

图 2.11.6   上海市 2010～2016 年污水处理率变化

目前，有很多城市不注重提高整个排水系统的整体效益而仅注重污水处理厂的高排放标准，甚至把地表水的Ⅲ类或Ⅳ类的水环境质量标准作为污水的排放标准，这种现象不利于发挥排水系统的投资效益，应及时遏制。污水排放标准不宜提出过高要求，彭永臻院士提出要防止污水处理厂盲目提标，主要原因是：（1）地表水环境质量的Ⅲ类和Ⅳ类是表示水环境的质量，如Ⅲ类可以用于饮用水水源，Ⅳ类可以作为景观用水水质，但它们都不是污水的排放标准；（2）地表水Ⅳ类和Ⅲ类水质要求 COD_{Cr} 限值分别为 30mg/L 和 20mg/L，达到如此高的排放标准将造成处理成本大幅度提高；（3）污水经过几十个小时的生化处理，剩余的最难降解有机物大都是木质素、纤维素等无毒害作用物质，不增加水体的生物化学需氧量（BOD）；（4）在美国、日本和澳大利亚等国家基本没有 COD_{Cr} 作为排放指标，只有 BOD 指标；（5）地表水Ⅳ类和Ⅲ类水质关于氮、磷的要求更是很难企及；（6）实际上北京和上海目前没有一座污水处理厂能达到上述标准，而且远远没有达到；（7）很多一线城市逐渐回归理性，但是，很多二线、三线和四线城市反而盲目跟进，盲目提标。

国务院及有关部委从 2015 年开始密集出台系列水环境整治工作文件。2019 年 4 月 29 日，住房和城乡建设部、生态环境部和发展和改革委员会联合提出了《城镇污水处理提质增效三年行动方案（2019~2021 年）》，方案提到要消除生活污水直排口、生活污水收集处理设施空白区和城市黑臭水体，提高城市生活污水集中收集效能和城市生活污水集中收集率。雨水管网的主要任务是结合海绵城市的建设，保畅通、拒脏水；污水管网要提高城镇污水收集率，减少地下水、山间水的进入和河湖水的倒灌，提高污水处理厂进水浓度。管网提质增效的主要措施如下。一是排查收集系统，识别设施效能，通过物理监测和智慧排水检测，从区域整体解析、分区域预判与筛查、混接溯源定位，确定管网的效能。但是这种措施的排查费用和修复费用都很高。二是建立并完善分流制排水系统，实现污水管网无外水排入、无山间水接入、无地下水渗入，保证污水浓度。三是建立排水管道评估检测制度，加强排水管道养护管理。四是严格控制排水工程建设质量，强化管网建设过程质量监控，排水管材优先采用承插式橡胶圈接口钢筋混凝土管和球墨铸铁管。五是补齐城镇污水收集设施短板，通过临时性或分散性处理设施建设，以及非规划拆迁区的永久性污水收集设施建设，完成生活污水纳管服务，补齐收集管网空白区。六是健全污水接入服务管理制度，如建立沿街商铺信息登记制度、合理实施沿街商铺管网改造等。七是完善收费制度加大资金投入。八是构建智慧水务信息管理系统，通过排查数据、养护记录、信息收集，建立完善的排水管网信息系统，实现排水系统的智能控制和智慧管理。

2.11.3　污水处理厂升级改造工艺技术

污水处理厂升级改造工艺技术的选择应在综合分析的基础上，进行一优、二改、三后续。综合分析是指分析进水水量水质的变化、分析构筑物反应条件、分析整个工艺流程的效率；一优是指首先优化进水水质、优化工艺运行、优化过程控制；二改是指第二个要素是对现有设施进行简单的改造，如预处理单元的改造，生化处理工艺流程中的构筑物反应条件的改造，混合液及污泥回流系统的改造；三后续是指在优化改造以后出水水质还不能达到升级改造要求的，再后续深度处理工艺。生化处理系统不是万能的，分析进水水质年、月、日的变化规律，能为后面的提标改造提供数据基础，比如某污水处理厂二期出水 COD 组分中主要以溶解性不可生物降解 COD 为主，该组分浓度超过 30mg/L，那么该厂的升级改造 COD 的排放就难以达到地表水环境Ⅳ类的标准要求；如果出水中磷的形态有生物磷、多聚磷、有机磷和正磷等多种形态，总磷达标也存在很大困难。我们还要分析构筑物运行环境条件，看其是否适合不同功能微生物的生长要求，比如在厌氧池、缺氧池、好氧池等是否创造了有利于聚磷菌、反硝化菌、硝化菌的生长繁殖条件，二沉池的配水区设计和池壁部分是否有利于活性污泥絮体的生物絮凝和泥水沉淀分离。污水中有机污染物的去除途径（图 2.11.7），氨氮、有机氮的去除途径（图 2.11.8），生物除磷的机理（图 2.11.9）都是比较明确的，我们应该根据污染物的去除机理去分析构筑物的反应条件，如构筑物的设计是否有利于进水碳源的有效保护和充分利用，生化处理系统出水与混合液回流系统是否存在复氧等。综合分析还包括流程的运行效率分析，从全流程角度考虑污染物去除与能耗，在分析基础上优化改造，然后再决定深度处理的设施。

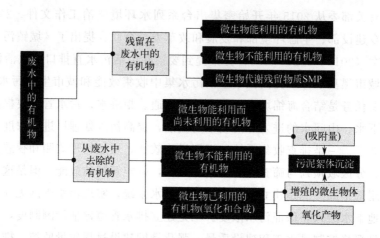

图 2.11.7　污水中有机污染物的去除途径

目前城镇污水处理厂普遍采用的生物脱氮除磷工艺为改良 AAO 工艺［预缺氧＋厌氧（进水）＋缺氧＋好氧＋消氧＋缺氧＋好氧＋沉淀（出水）］，混合液从生化段的消氧区回流，该工艺的流程如图 2.11.10 所示。在反应过程中，污染物的浓度随着生化反应时间的增长而逐渐降低，反应初期污染物浓度高、生化反应速率快，而反应末期随着污染物浓度接近排放浓度，生化反应速率和污染物降解速率很慢。在实际的运行中，污染物的降解速率以及微生物的生长与反应器类型相关，比如序批式反应器（SBR）属于典型的时间上理想的推流反应器，空间上理想的完全混合式反应器，污染物的降解速率经历从快到慢的过程，微生物生长也经历快速增长期到静止稳定期，再到衰亡和内源呼吸期的过程。改良序列反应工艺（MSBR）的研发是从改良 AAO 工艺和 SBR 工艺中得到了启迪，其工艺流程如图 2.11.11所示，两个 SBR 交替搅拌、曝气、预沉和沉淀，将改良 AAO 工艺和 SBR 工艺的优点结合在一起，实现了污水高效低耗的处理。随着对生态环境要求的不断提高，为了减少对污水处理过程的二次污染的控制，通常污水及污泥各处理构筑物需要加盖收集臭气并进行除臭，这也需要我们在提质增效过程中协同考虑。由于土地资源的紧张和污水处理厂的邻避效应，很多污水处理厂开始采用半地埋式和全地埋式方案，污水处理厂上面建造生态公园甚至是办公楼宇。例如合肥十五里河二期就采用了地埋式方案，处理规模为 $5 \times 10^4 \, \text{m}^3/\text{d}$，处理工艺为MSBR。昆明普照水质净化厂在提标改造过程中也采用了 MSBR 工艺＋滤布滤池深度处理，并采用地埋式方案。在无锡梅村污水处理厂同厂同进水水质的三种处理工艺（AAO＋SBR，MBR 和 MSBR）2017 年 6～8 月运行能耗数据比较中可以发现，MSBR 的吨水能耗最低，MBR 工艺出水水质虽好，但 MBR 工艺存在最棘手的问题是膜污染严重导致的通量衰减，以及由于高活性污泥浓度导致曝气系统氧转移效率偏低和膜池的膜冲刷要求曝气量大，存在

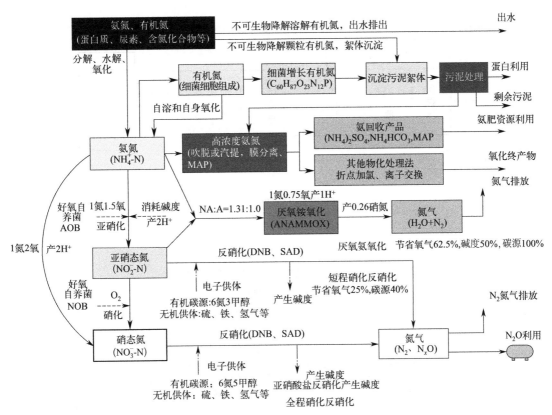

图 2.11.8　污水中氮素的回收利用和生物脱氮的途径

MAP—磷酸铵镁；DNB—反硝化菌；SAD—硫自养反硝化；NA∶A—亚硝态氮与氨氮的比值

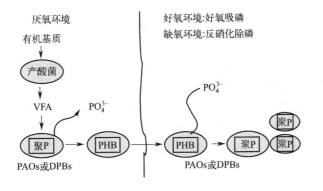

图 2.11.9　污水中生物除磷的机理

运行动力费用高和全程高溶解氧不利于生物脱氮除磷的风险。

2.11.4　结论

（1）中国水环境综合治理和水质改善必须从系统入手，统筹规划，厂网联动提质增效。

（2）污水处理厂升级改造必须在充分分析的基础上，进行优化改造，优秀的脱氮除磷工

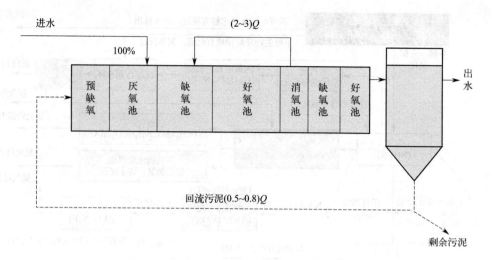

图 2.11.10　改良 AAO 生物脱氮除磷工艺流程

Q—进水流量

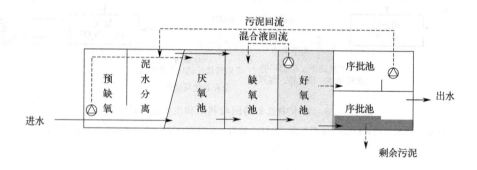

图 2.11.11　MSBR 工艺流程

艺必定在空间或时间上充分满足聚磷菌、反硝化聚磷菌、硝化菌、反硝化菌甚至普通异养菌等微生物的生长繁殖环境和水力条件。

（3）MSBR 处理工艺在生化反应动力学分析基础上，充分考虑各功能菌的生长条件，功能区集约化布置，无二沉池及污泥的外回流系统，工艺占地紧凑，投资和运行费用省，运行效果好，可以应对雨季大水量的冲击。

（4）MBR 工艺出水水质好，可以一步达到超滤深度出水要求，在较小占地、较短流程情况下，可以得到高品质出水，但其工艺投资高、运行成本高、控制要求高、运行管理复杂，低温地区因为通量更低应慎重采用。

参考文献

[1]　陈玮，徐慧纬，高伟，等 . 基于产污系数法测算城镇污水处理系统的主要污染物削减效能提升潜力 . 给水排水，2018，44（7）：24-29.

第3章

专 业 文 选

3.1 七格污水处理厂三期工程一级 A 提标工程及运行效果

作者: 张丽丽，严国奇，郭红峰

作者单位: 杭州市排水有限公司净水分公司，杭州

摘要: 杭州市七格污水处理厂三期工程，原主体工艺采用改良型 A^2/O 工艺，出水水质标准执行《城镇污水处理厂污染物排放标准》（GB 18918—2002）一级 B 标准，该厂通过将初沉池改为厌氧段，提高生物池停留时间，强化生物脱氮，新增反硝化深床滤池工艺，强化 SS 和 TP 的去除，对总氮有一定的把关作用，新增紫外消毒设备数量，提高粪大肠菌群的去除效果，使出水水质稳定达到一级 A 标准。

关键词: 一级 A 标准；强化生物处理；反硝化深床滤池

3.1.1 基本概况和提标改造必要性

3.1.1.1 基本概况

七格污水处理厂三期工程位于浙江省杭州市东北角下沙七格村，紧邻钱塘江下游段，设计运行规模为 $60 \times 10^4 \mathrm{m}^3/\mathrm{d}$，于 2010 年 9 月建成投入运行，生物处理采用改良型 A^2/O 工艺，出水排放到钱塘江，出水水质标准执行《城镇污水处理厂污染物排放标准》（GB 18918—2002）一级 B 标准。提标改造前原工艺流程如图 3.1.1 所示。

3.1.1.2 提标改造必要性

为进一步减少污染，改善水体环境，根据《钱塘江流域水污染防治"十二五"规划》以及浙江省、杭州市政府节能减排要求，2015 年初，七格污水处理厂三期开始实施提标改造

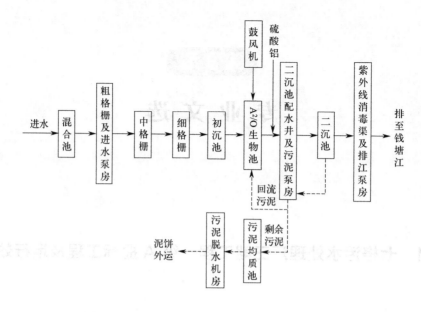

图 3.1.1   七格污水处理厂三期工程原工艺流程图

工程,将排放标准提高至一级 A 标准。对近两年的出水水质进行统计,原设计工艺出水一级 A 达标率见表 3.1.1,出水 COD、BOD 达标率较高,其他指标稳定达标需要进一步提标改造。

表 3.1.1   原设计工艺出水按一级 A 标准达标率

项目	COD	BOD	SS	TN	NH_4^+-N	TP
一级 A 标准	50	10	10	15	5(8)	0.5
达标率/%	96.67	100	93.17	91.42	87.50	80.04

3.1.2   提标改造技术路线及实施

3.1.2.1   技术路线选择

提标改造过程中由于污水厂已运行,有实际进水水质数据,进水水质可以按实际进水水质 90%~95% 保证率取值并留有一定的安全余量,表 3.1.2 为提标改造前两年实际进水水质和设计进水水质。

表 3.1.2   提标改造工程设计进水水质

项目	COD	BOD_5	SS	TN	NH_4^+-N	TP
90% 保证率	374	119.8	145	44	32.6	3.33
95% 保证率	448	141	166	48	36.7	3.71
浓度/(mg/L)	400	150	160	50	40	5.0

进水水质 BOD_5/COD_{Cr} 指标为 0.375 左右,表明该污水可生化性较好,可以采用生化

处理工艺。$BOD_5/TN \geqslant 4$ 时，污水才有足够的碳源供反硝化菌利用，该进水 $BOD_5/TN=$ 3，表明碳源不足，同时对近两年出水水质进行统计，并按冬季（当年 11 月至第二年 3 月）和非冬季运行的数据进行分析，可计算出在非冬季的出水 TN 距离一级 A 标准的不达标率仅为 5%；冬季出水 TN 距离一级 A 标准的不达标率为 13%，不达标天数总共约 50 天，因此在冬季时要强化生物脱氮，需要酌情外加碳源。一般认为 $BOD_5/TP \geqslant 20$ 时，有较好的生物除磷效果，该进水 $BOD_5/TP=30$，基本满足生物除磷对碳源的要求。

针对 TN 不达标的情况，一方面可以采用增加生物池池容，增加缺氧段停留时间，另一方面可以增加深度处理单元。七格污水处理厂三期提标改造选择了内部改造方案＋新增反硝化深床滤池工艺，内部改造方案将原有初沉池改成厌氧池，原有生物池回流污泥反硝化段、厌氧段均调整为缺氧池，增加了缺氧池停留时间；在二沉池后增设深床滤池，进一步去除颗粒状和胶体状物质，进一步去除 SS、TP 等，同时外加碳源时可兼有生物脱氮及过滤功能。增加碳源投加设施，分别投加到生物池缺氧段和反硝化深床滤池。

通过对鼓风机房鼓风曝气能力的校核，发现通过调整鼓风机的运行台数便可满足出水氨氮要求。通过对除磷加药间加药能力核实，发现通过增大药剂投加便可满足出水 TP 要求。对紫外消毒渠的消毒能力进行校核，需要在原来预留的新增灯管的位置上新增 720 支紫外灯管，提高出水粪大肠菌群要求。提标改造后的工艺流程如图 3.1.2 所示[1]。

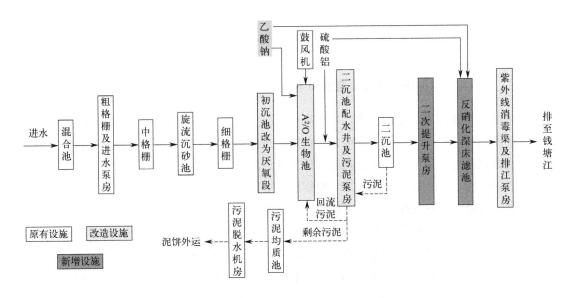

图 3.1.2　七格污水厂三期工程提标改造工艺流程

3.1.2.2　生物反应池内部改造

七格污水处理厂三期工程进水碳源不足，提标改造之前污水处理厂在实际运行中是超越初沉池运行的，以避免进一步降低碳源，所以本次提标改造将初沉池改成生物池的厌氧段，原厌氧段则相应地改为缺氧段，增加缺氧段的停留时间，因原工程中已预留内回流点，所以生物池内部不需要改造。提标改造前的初沉池和生物池简图、提标改造后的生物池简图如图

3.1.3 所示。

提标改造前生物反应池总停留时间为 12.82h，其中回流污泥反硝化段：0.68h，厌氧段：1.36h，缺氧段：3.43h，兼氧段：0.68h，好氧段：6.68h。将初沉池改造为厌氧段后，总停留时间增加 1.2h，其中厌氧段：1.2h，缺氧段：5.57h，兼氧段 0.68h，好氧段 6.68h。同时在缺氧池进水端增设碳源投加点，在冬季需强化生物池的反硝化功能时，可向生物池投加碳源。

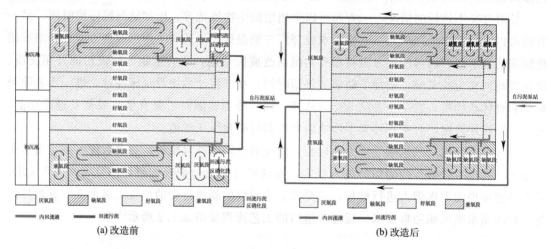

(a) 改造前　　　　　　　　　　　　　　　　　　　(b) 改造后

图 3.1.3　初沉池和生物池改造前后简图

3.1.2.3　新增反硝化深床滤池及碳源投加系统

深床滤池为降流式重力过滤池，有较高的去除悬浮物效果，无需后续设置终沉池或过滤池。由于固体物负荷高、床体深，可以避免窜流或穿透现象，但需要高强度的反冲洗，滤池采用的是逆洗工艺，采用气、水协同进行反冲洗。另外，冬季反硝化速率降低时，通过向深床滤池投加碳源，可兼有把关出水 TN 的作用[2]。

七格污水处理厂三期提标改造工程反硝化深床滤池主要设计参数如下：分为东西两侧，各 15 格，共 30 格；单格尺寸为 30.48m×3.56m；设计流量为 32500m³/h（$K_z=1.3$）；设计平均滤速为 7.68m/h，最大滤速为 9.98m/h；石英砂均质滤料厚度为 2.44m，粒径为 2～3mm；卵石支撑层总厚度为 0.457m；反冲洗方式为空气和水反冲洗并伴有表面扫洗；气冲强度为 110m³/(m²·h)；水冲强度为 14.7m³/(m²·h)；反冲洗周期为 24h；设计反冲洗时间为先气冲 5min，然后气水联合反冲 15min，最后水冲加表面扫洗 5min。同时深床滤池还合建有 4 座机械混合池，每座混合池分为串联的 2 格，碳源投加在串联的第一格混合池，每格设置机械搅拌机 1 台。

考虑到厂内用地无法满足甲醇作为碳源的防爆隔离用地标准[3]，设计采用乙酸钠作为补充碳源满足脱氮需求，采用 20% 液态乙酸钠直接投加，新建乙酸钠储罐 10 个，单个 120 立方米，乙酸钠加药泵 7 台，分别向生物反应池和深床滤池投加乙酸钠。

3.1.3 改造效果

3.1.3.1 水质提升

七格污水处理厂三期工程于 2016 年 7 月完成提标改造，表 3.1.3 为统计了提标改造前后七格三期进出水水质情况。提标改造前后，出水 COD 和 BOD 变化不大，COD 平均值为 20mg/L 左右，BOD 平均值低于 5mg/L。提标改造完成后，出水 SS 浓度明显降低，从 7mg/L 降低到 2mg/L 左右，去除率从 93% 提高到 97%；出水 TP 浓度明显降低，从 0.32mg/L 降低到 0.14mg/L，去除率从 87% 提高到 95%，主要因为二沉池出水经滤池过滤后，大量悬浮物被截留在滤料中，同时附着于悬浮物之上或存在于悬浮物内部的部分有机物和营养物质（主要是 TP）也被去除[4]。生物处理中氨氮的去除主要与温度、pH 值、污泥龄、溶解氧控制等因素有关，通过加强溶解氧控制，出水氨氮浓度控制较低，提标改造前后氨氮浓度控制均较低，氨氮去除率达到 99% 左右。生物处理中总氮的去除主要与温度、pH 值、碳源、内回流比等因素有关，在碳源不足的情况下，总氮去除率难以进一步提升，提标改造完成后，冬季在反硝化深床滤池投加了碳源，1～6 月进出水总氮平均值来看，总氮去除率从 67% 提高到 71%。

深床滤池调试期间，对碳源投加量进行了试验，了解不同乙酸钠投加量下总氮的去除效果，结果如表 3.1.4 所列。随着乙酸钠投加量增加，总氮去除率增大，但与理论设计值（乙酸钠的投加浓度为 30mg/L，目标去除 5mg/L 的 TN，比值为 6）相比，乙酸钠投加量过大，去除 5mg/L 的总氮约需要 60mg/L 的乙酸钠。主要由于滤池进水中含有大量的溶解氧[5]，溶解氧浓度达到 6mg/L 以上，水中溶解氧会消耗部分碳源[6]。

表 3.1.3 提标改造前后进出水水质情况

项目	2016 年 1～6 月			2017 年 1～6 月		
	进水/(mg/L)	出水/(mg/L)	去除率/%	进水/(mg/L)	出水/(mg/L)	去除率/%
SS	102.0	7.0	93.14	82.5	1.94	97.65
COD_{Cr}	247.2	23.7	90.41	249.6	20.7	91.70
BOD_5	77.5	2.2	97.16	88.1	1.9	97.84
NH_4^+-N	26.9	0.5	98.14	28.1	0.25	99.11
TP	2.46	0.32	86.99	2.88	0.14	95.31
TN	32.5	10.8	66.77	35.29	10.07	71.46

表 3.1.4 不同乙酸钠投加浓度下 TN 的去除效果

乙酸钠投加浓度/(mg/L)	滤池进水 TN 浓度/(mg/L)	滤池出水 TN 浓度/(mg/L)	ΔTN /(mg/L)	去除率 /%
30	12	11.2	0.8	6.57
40	12.65	10.35	2.3	18.24
50	12.33	8.87	3.47	28.25
60	12.9	7.2	5.7	44.21
65	13.25	6.75	6.5	49.07

3.1.3.2 电能药剂消耗情况

图 3.1.4 统计了 2016 年 1～6 月和 2017 年 1～6 月七格三期吨水电耗、药耗情况，2016 年 1～6 月平均电耗为 302 kW·h/km³，2017 年 1～6 月平均电耗为 338 kW·h/km³，同比增加了 12%，主要增加了中间提升泵、深床滤池电能消耗。2016 年 1～6 月平均药耗为 53mg/L，2017 年 1～6 月平均药耗 62mg/L，同比增加了 17%，主要由于出水总磷排放标准的进一步提高，除磷药剂投加量有所增加。此外深床滤池运行过程中为保证出水总氮稳定达标，不定期投加乙酸钠。

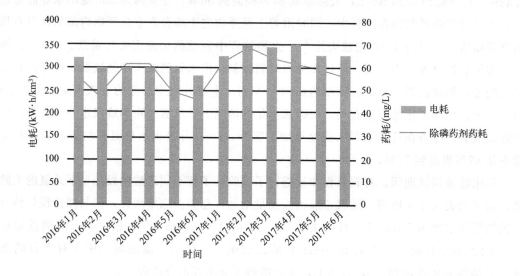

图 3.1.4　提标改造前后电耗药耗情况

3.1.3.3 投资运行费用

七格污水处理厂三期提标改造工程概算投资总投资约 3.4 亿元，约为 566 元/m³，提标改造后运行成本主要增加了电费、药剂费，单位水量运行成本约增加 0.13 元/m³（不含折旧）。

3.1.3.4 结论

（1）七格污水处理厂三期工程通过对生物池内部改造、新增反硝化深床滤池工艺，使出水水质稳定达到一级 A 标准，进一步降低了出水 SS、TP、TN、NH_4^+-N 的浓度，减少向钱塘江排放有机物、氮、磷。

（2）反硝化深床滤池在投加碳源的情况下，对总氮有一定的去除作用，但由于受溶解氧等因素影响，碳源投加量远高于理论值。

（3）提标改造完成后，吨水电耗同比增加了 12%，吨水除磷药剂药耗同比增加了 17%，同时增加了乙酸钠投加，吨水运行电耗药耗成本约增加 0.13 元/m³（不含折旧）。

参考文献

[1] 陈爱朝，王海峰，周继，等．七格污水处理厂提标改造工程设计[J]．中国给水排水，2016，32（24）：118-121．

[2] 严国奇，张丽丽．七格三期污水处理厂反硝化深床滤池的调试与运行[J]．中国给水排水，2017，33（16）：127-132．

[3] 王允升．甲醇罐区的火灾爆炸危险性分析及防火防爆设计[J]．化工设计，2000，10（5）：32-37．

[4] 鲍立新．深床滤池在无锡市芦村污水处理厂的运行效果[J]．中国给水排水，2012，28（6）：41-43．

[5] 李培，潘杨．A^2/O工艺内回流中溶解氧对反硝化的影响[J]．环境科学与技术，2012，35（1）：103-106．

[6] 李文龙，杨碧印，陈益清．反硝化滤池用于城市污水深度处理的研究进展[J]．广东化工，2016，43（16）：151-153．

3.2 城镇污水处理厂尾水极限脱氮技术研究

作者:黄慧敏[1, 2]，陶炳池[2, 3]，梅荣武[2]

作者单位：1. 浙江省环科环境认证中心有限公司，杭州；2. 浙江省生态环境科学设计研究院，杭州；3. 浙江师范大学地理与环境科学学院，金华

摘要：大孔树脂脱附液的处理是限制树脂在城镇污水处理厂尾水提标和回用中应用的重要因素。本研究采用耐盐型脱氮功能菌强化的多级 A/O 工艺来实现树脂脱附液高效脱氮。优化反应器运行参数，运行条件为 HRT 12h、C/N 3.5、盐度 2%，该参数下 TN 去除率 87.2%，出水 TN 24mg/L，树脂极限脱氮与脱附液处理混合出水 TN<1.5mg/L，达到地表水 IV 类标准，处理费用为 0.787 元/m³。本研究开发的污水处理厂尾水树脂极限脱氮及树脂脱附液处理技术，使树脂深度脱氮工艺具有明显的技术优势。借助代表性案例剖析了其工程应用可行性，为污水处理厂高排放标准提标改造提供借鉴。

关键词：生化尾水；大孔特征脱氮树脂；脱附液处理；高效菌强化脱氮；极限脱氮

3.2.1 前言

随着污水处理厂排放标准的日渐严苛，各地严格出台各类标准及水质整治计划，如浙江、江苏等地城镇污水处理厂地方标准 TN 排放限值提升为 10mg/L，昆明地标 TN 排放限值 5mg/L。此外，一些重点区域要求出水 TN 达到《地表水环境质量标准》（GB 3838—2002）IV 类（1.5mg/L），甚至 III 类（1.0mg/L）排放，因此，极限脱氮成为污水处理技术领域发展热点。城镇污水处理厂的尾水中总氮大部分以硝态氮的形式存在，大孔特征脱氮树脂利用其自身特殊的活性基团与水中硝酸根离子发生交换进行深度脱氮处理，其出水总氮可达到 1.5mg/L 以下，可确保在各种不利条件下污水处理厂出水总氮指标稳定达标，是城镇污水处理厂实现清洁排放的有效方法。

大孔树脂深度脱氮工艺具有易于再生利用、运行成本低和占地面积小等优点，但是树脂脱附液的处理是限制其在城镇污水处理厂尾水提标和回用中应用的重要因素。对于脱氮树脂再生液，其中含有大量的硝态氮和 NaCl。树脂脱附液最常用的处理方法有生物脱氮法、混凝法、蒸发浓缩法、电化学法、高级氧化法、化学催化法等。

本文在利用大孔树脂开展污水处理厂深度脱氮的基础上，使用高效菌强化脱氮技术，通过向传统废水处理工艺中投加一种或多种高效具备特定性能的微生物菌群，优化原有系统中

微生物菌群结构，实现对目标污染物的降解[1-2]。向脱氮系统中投加高效反硝化或硝化菌群可提高系统的脱氮效率[3]。

此外，本文研究了以大孔树脂为核心的极限脱氮工程应用案例，以期为我国污水处理厂高排放标准提标改造提供借鉴。

3.2.2 试验内容与材料

3.2.2.1 试验装置与材料

本研究采用多级缺氧/好氧生物反应池，脱附液从首端的缺氧池进水，碳源乙酸钠加入第一级缺氧池中。由于树脂对硝态氮的特征吸附性，反洗液将树脂再生脱附下的废水中 TN 主要组成为硝态氮。因此，首先将废水经过第一级缺氧池，在外加碳源的条件下实现反硝化；然后进入好氧池中，将废水中部分氨氮硝化以及可生化 COD 的降解。与常规 AO 池相比，好氧池无需回流至上一级缺氧池进行反硝化，在多级 AO 池中直接流入下一级缺氧池。在反应最后二沉池中的污泥回流至第一级缺氧池，实现硝化菌和反硝化菌的生长繁殖。二沉池后接混凝反应和沉淀池，经过混凝沉淀后，与树脂吸附出水混合外排，具体详见图 3.2.1。

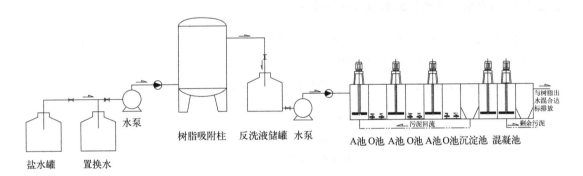

图 3.2.1 高效菌强化脱氮中试装置示意

实验所用大孔阴离子交换树脂为苯乙烯-二乙烯苯共聚体，特征官能团为季铵基，具有吸附水中硝酸根、磷酸根、阴离子有机物的特性。

3.2.2.2 试验方法

首先采用大孔树脂吸附制备脱附液，再取某污水处理厂二沉池中污泥于反应器中，同时将实验室自主开发的反硝化菌剂加入系统中，补充反硝化菌促生剂，调节缺氧池的搅拌转速和好氧池曝气量。在装置运行前期，采用不连续进水的方式，每次进少量的脱附液废水，在缺氧池中投加适量乙酸钠作为补充碳源。每天对系统的进出水水质和污泥沉降比进行检测记录，及时补充污泥，在系统出水水质稳定的情况下，逐步增加废水的进水量。在系统污泥驯化一个月后，采用废水连续进水的方式运行装置。探究各因素对强化脱氮的研究中，每个参数运行 7 天，以使系统稳定。

3.2.2.3　脱附液制备及水质分析

试验中采用大孔树脂吸附制备脱附液，试验用水来自浙江省某污水处理厂生化处理尾水，采用大孔树脂吸附对该污水处理厂二沉池出水进行深度吸附脱氮处理，脱附液占中试系统处理水量的3.5%。为使硝酸盐氮的出水浓度达到实验目标且控制处理成本，本研究采用A/OA/O法对其进行脱氮。阴离子交换树脂脱附液水质指标见表3.2.1。

表3.2.1　树脂脱附液水质指标

指标	COD /(mg/L)	BOD /(mg/L)	氨氮 /(mg/L)	硝态氮 /(mg/L)	TN /(mg/L)	TP /(mg/L)	盐分/%	pH值
数值	340.5	27.2	21.5	181.6	220.5	8.4	2.05	7.4

3.2.2.4　分析检测

分析TN、硝态氮等水质指标均采用国标法分析检测。

3.2.3　结果与讨论

3.2.3.1　大孔树脂脱氮技术对尾水处理效果

调节进水流速为100L/h，水力停留时间为5min、树脂装填高径比为8的操作条件。中试装置连续运行2个月内，通过对进出水的硝态氮和总氮测试，树脂内出水能稳定低于Ⅳ类水的TN出水标准，强化脱氮树脂对硝态氮和TN有显著的去除效果。

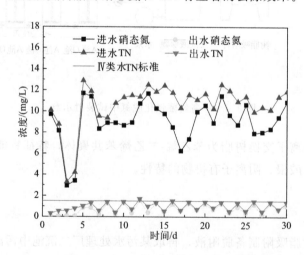

图3.2.2　树脂中试装置中进出水的TN和硝态氮浓度变化曲线

由图3.2.2可知，大孔树脂对TN和硝态氮的去除效果较为稳定。将进水的TN平均浓度从10.63mg/L降为0.98mg/L，进水硝态氮平均浓度从9.01mg/L降为0.74mg/L，吸附容量为4.4kg/m³。TN出水浓度均保持在地表水Ⅳ类水质，40h为一个运行周期，之后进行反洗再生。

3.2.3.2　脱附液盐分对生物脱氮的影响

使用生物法对脱附液进行脱氮，影响微生物反硝化效率的反应条件主要有溶解氧浓度、温度、含盐量、C/N、停留时间等。本研究中对缺氧池的搅拌器转速进行调节，确保缺氧池中溶解氧浓度小于 0.2mg/L。以 0.5% 含盐树脂脱附液间歇性进水试验，连续进水并控制水力停留时间为 24h。并逐步提高树脂脱附液含盐量为 1%、1.5%、2%、2.5%，每个条件下连续运行一周以上，以使系统适应环境变化，保证出水水质稳定，每天取样 2 次检测进出水中 TN 浓度得到平均值并计算 TN 的去除率。

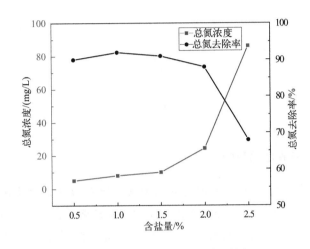

图 3.2.3　不同盐分强化脱氮效果

由图 3.2.3 可知，在含盐量小于 1.5% 时，TN 的去除率均可以达到 90% 以上；当含盐量达到 2% 时，TN 的去除率可以达到 88%，出水总氮浓度为 24.4mg/L，可以满足城镇污水处理厂纳管要求；当含盐量达到 2.5% 时，TN 的去除率下降到 68%，出水总氮浓度为 86.3mg/L，无法满足城镇污水处理厂纳管要求。试验表明，通过耐盐型脱氮菌强化的多级 A/O 工艺可以实现对 2% 含盐量树脂脱附液总氮的有效脱除。

3.2.3.3　A 池停留时间对脱附液生物脱氮的影响

水力停留时间（HRT）是影响树脂脱附液生物脱氮效率的重要因素，在投加 C/N 为 6 的碳源量和 2% 含盐树脂脱附液条件下，探究 HRT 对反硝化反应的影响，以此调节生物反应池的最佳进水流速。控制 HRT 的变化为 6h、8h、12h、24h、48h，每个 HRT 条件下连续运行一周，以使系统适应环境变化，减小实验误差，根据每天进出水中 TN 浓度的平均值得到不同 HRT 条件下 TN 的去除率。

由图 3.2.4 可知，HRT 最佳为 12h，TN 的去除率可达 90% 以上。HRT 越小，反硝化的时间越短，反应不能进行完全，当 HRT 不足 8h 时，TN 去除率开始明显下降至 80% 以下，且水流速度越大给缺氧池带来的氧气含量越多，水中溶解氧浓度越大越影响反硝化速率。HRT 大于 12h 后，去除率已经几乎没有变化，还会增加运行成本，因此确定 HRT 为 12h。

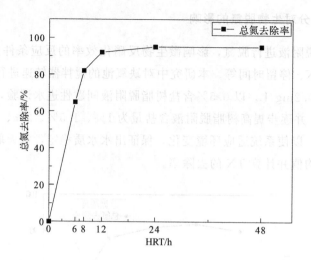

图 3.2.4　不同 HRT 下强化脱氮效果

3.2.3.4　C/N 对脱附液脱氮的影响

C/N 是影响反硝化性能的另一个重要影响因素。异养型反硝化菌在缺氧条件下，利用有机物作为电子供体。废水中的部分有机物可作为碳源被微生物利用并降解，当废水中可被生物利用的有机物含量与总氮的理论比值为 2.85，折算有机碳源的 COD/TN 大约为 6∶1，污水处理厂一般需要额外添加甲醇、乙醇、葡萄糖、乙酸钠等有机碳源[4]。根据不同废水的实际水质情况，需要探究最佳的 C/N。如碳源投加过量，则会导致出水中 COD 偏高，且运行成本较高；如碳源投加不足，则会导致系统反硝化不彻底，出水中 TN 偏高。

本试验中，选择乙酸钠作为外加碳源，控制 DO ＜ 0.2mg/L，HRT 为 12h，2.0％含盐树脂脱附液条件下，C/N 设置为 6∶1、5∶1、4∶1、3.5∶1、3∶1 进行碳源补加，每个 C/N 条件下连续运行一周，以使系统适应环境变化，减小试验误差，每天进出水中 TN 浓度的分别取平均值得到不同 C/N 条件下 TN 的去除率。

由图 3.2.5 可知，在进水 TN 平均浓度 210mg/L，进水 TN 平均浓度 210mg/L，当 C/N 由 6∶1 到 3∶1 逐渐减少时，TN 的去除率从 92％逐渐下降至 72％，TN 出水平均浓度从 16.1mg/L 上升至 51.1mg/L。当 C/N 在 4～6 之间时，脱氮效率并没有明显的变化，维持在 90％以上。当 C/N 为 3.5∶1 时，TN 去除率依然可以保持 87.2％，出水 TN 平均浓度为 24.5mg/L。当 C/N 为 3∶1 时，反硝化效率明显下降，TN 去除率只有 72％，出水 TN 平均浓度上升为 51.1mg/L。

在本次的强化生物脱氮试验中，在进水 2.0％含盐树脂脱附液条件下，C/N 最低做到 3.5∶1 时依然有较好的脱氮效果，TN 去除率平均为 87.2％，说明采用耐盐型脱氮功能菌强化生物脱氮在处理树脂脱附液时可以获得高负荷反硝化效果，具有较明显的技术优势。最终再生液反硝化系统出水与树脂出水混合排放后，其混合后出水平均浓度为：COD 22.3mg/L，TP 0.14mg/L，氨氮 0.21mg/L，TN 1.04mg/L，总出水水质稳定达到地表Ⅳ类水质标准。树脂深度脱氮工艺总流程如图 3.2.6 所示。

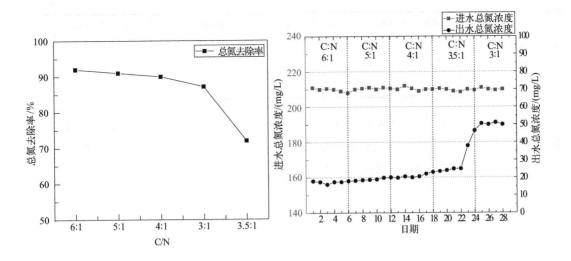

图 3.2.5　不同 C/N 下强化脱氮效果图

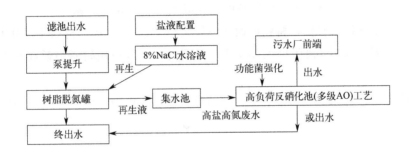

图 3.2.6　树脂深度脱氮工艺总流程

3.2.4　脱氮中试运行成本分析

依据本次中试的工程设计及运行调试的实际情况，在不包括设备折旧费的前提下，各项具体的运行成本计算分析如下。

3.2.4.1　电耗成本

中试工程连续稳定运行各处理工段耗电设备见表 3.2.2。

表 3.2.2　各设备耗电情况

设备名称	额定功率/kW	运行台套数	运行时间/(h/d)	单元电耗/(kW·h/d)
树脂进水泵	0.06	1	20	1.2
树脂反洗泵	0.06	1	0.5	0.03
搅拌电机	0.015	3	7.2	0.324

设备名称	额定功率/kW	运行台套数	运行时间/(h/d)	单元电耗/(kW·h/d)
蠕动泵	0.015	3	7.2	0.324
曝气装置	0.05	1	20	1.0
总计	—	—	—	2.878

工业电费按照 0.85 元/(kW·h) 计，本试验中试装置每天的电耗费用为 2.45 元，每天处理水量为 2.9t，中试阶段每吨水电耗为 0.84 元，大型化工程设备效率更高，设备流量压力更匹配，电费成本能低于现场中试水平 50%，电耗价格为 0.42 元/t 水。

3.2.4.2　消耗品成本

乙酸钠用于浓液反硝化反应，中试运行期间 C/N 投加量为 3.5 已经可以满足反硝化要求，处理 1t 水中含硝态氮 10mg/L 计，则共需投加乙酸钠 35g，水处理用工业乙酸钠为 2000 元/t，则投加碳源的成本为 0.07 元/t 水。

树脂处理吸附 4.5t 水后，需要 24L 的 8% 浓盐水再生，即一共需要投加 1.92kg 盐。工业用氯化钠价格为 500 元/t，则再生所需的盐耗成本为 0.213 元/t 水。

根据厂家提供的树脂参数，树脂可循环使用大约 500～800 次，树脂年损耗率小于 5%，树脂的价格为 3 万元/t。以树脂可循环使用 500 次计算，则所用树脂损耗成本为 0.084 元/t 水。

消耗品成本＝碳源成本＋盐耗成本＋树脂折耗成本＝0.07＋0.213＋0.084＝0.367（元/t 水）。

3.2.4.3　总成本核算

根据上述计算和分析，该中试的运行直接成本为：电耗成本＋消耗品成本＝0.42＋0.367＝0.787（元/t 水）。

3.2.5　应用案例

武汉市汤逊湖污水处理厂原工艺为：粗细格栅＋旋流沉砂池＋DE 氧化沟（一期）/倒置 A^2/O（二期）＋二沉＋高效沉淀池＋精密过滤器＋消毒处理工艺，出水执行《城镇污水处理厂污染物排放标准》（GB 18918—2002）一级 A 标准。

提标改造后工艺：增加"高密度沉淀池＋粉末活性炭膜生物反应器＋靶向大孔树脂脱氮"，出水水质达到《地表水环境质量标准》（GB 3838—2002）Ⅲ类（湖、库）标准，TP 降至 0.05mg/L 以下，TN 降至 1mg/L 以下，COD 降至 20mg/L 以下，可作为资源水源直接排湖，对改善河流、湖库及长江流域水环境质量具有积极作用。采用"粉末活性炭膜生物反应器＋大孔树脂脱氮"关键技术，被以业内中国工程院院士彭永臻为组长的专家组鉴定为"具有国际领先水平"。图 2.3.7 为该污水处理厂改造后工艺流程。

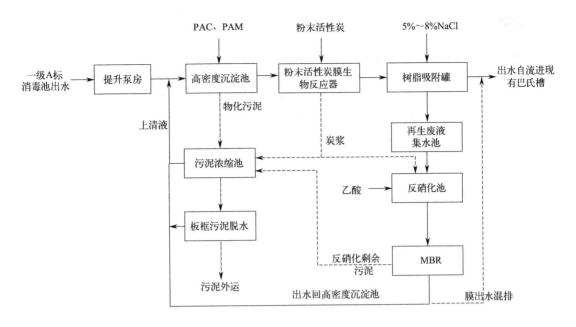

图 3.2.7　武汉市汤逊湖污水处理厂改造后工艺流程

3.2.6　结论

（1）树脂脱氮中试现场连续稳定运行 2 个月，在进水量 100L/h、HRT＝5min、高径比为 8 条件下，经大孔树脂吸附后平均出水 COD＜20mg/L，TN＜1.5mg/L，氨氮＜0.5mg/L，对硝态氮、TN 的去除率分别达到 91.8％、90.81％，对 TN 的去除效果明显，出水标准达到地表水Ⅳ类水质标准。树脂在 100L/h 流速下穿透曲线的处理水量为 4000L，吸附容量 4.4kg/m³。

（2）本研究利用耐盐型脱氮功能菌强化的颗粒污泥，采用生物脱氮（多级 A/O）工艺实现树脂脱附液的高效脱氮。优化反应器运行参数，研究发现当中试装置运行条件为缺氧池停留时间 12h，投加碳源 C/N 为 3.5 时可实现对含盐量 2％树脂脱附液 87.2％的 TN 去除，出水平均浓度为 24.5mg/L。最终脱附液反硝化系统出水与树脂出水混合排放后，其混合后出水平均浓度为：COD 22.3mg/L；TP 0.14mg/L；氨氮 0.21mg/L；TN 1.04mg/L，总出水水质稳定达到地表水Ⅳ类水质标准。

（3）依据工程设计及运行调试的实际情况，核算本次中试的运行直接成本为 0.787 元/m³ 废水，实现出水 TN 浓度≤1.5mg/L，达到了极限脱氮目的，技术运行成本低。项目采用耐盐型脱氮功能菌强化生物脱氮（多级 A/O）在处理树脂脱附液时可以获得高负荷反硝化效果，从而使树脂深度脱氮工艺具有明显的技术优势。

（4）针对武汉市汤逊湖污水厂二次提标改造的处理技术进行了研究，并就大孔树脂脱氮、反硝化等技术的应用效果进行了案例评估，结果显示出水达到地表水Ⅲ类水质标准。

参考文献

[1] 邹艳艳，张宇，李明智，等. 一株异养硝化-好氧反硝化细菌的分离鉴定及脱氮活性研究[J]. 中国环境科学，2016，36（03）：887-893.

[2] 王慧荣，韦彦斐，梅荣武，等. 一株好氧反硝化菌的分离及特性研究[J]. 环境保护科学，2012，38（01）：13-18.

[3] Jiao J, Zhao Q, Jin W, et al. Bioaugmentation of a biological contact oxidation ditch with indigenous nitrifying bacteria for in situ remediation of nitrogen-rich stream water[J]. Bioresource Technology, 2011, 102(2): 990-995.

[4] Zhang R, Zhang Y, Lv F, et al. Biological denitrification in simulated groundwater using polybutylene succinate or polylactic acid-based composites as carbon source[J]. Desalination & Water Treatment, 2016, 57(21): 9925-9932.

3.3　浙江省某城镇污水处理厂原位强化脱氮提标案例研究

作者: 周爱军，王晓敏，李明智，梅荣武，李亚，许青兰

作者单位: 浙江省生态环境科学设计研究院，杭州

摘要: 浙江省某城镇污水处理厂原有处理工艺为沉砂池＋CASS 池＋斜管沉淀池＋D 型滤池＋消毒池，采用原位强化脱氮技术作为提标改造技术。该工程经调试完成后，运行稳定，出水水质化学需氧量≤40mg/L，生化需氧量≤10mg/L，悬浮物≤10mg/L，氨氮≤2（4）mg/L，总氮≤12（15）mg/L，总磷≤0.3mg/L，达到《城镇污水处理厂主要水污染物排放标准》（DB 33/2169—2018）和《城镇污水处理厂污染物排放标准》（GB 18918—2002）中一级 A 标准要求，吨水增加菌剂处理成本 0.077 元。

关键词: 城镇污水处理厂；提标改造；总氮；原位强化脱氮

浙江省于 2018 年 12 月发布《城镇污水处理厂主要水污染物排放标准》（DB 33/2169—2018），标准是针对浙江省城镇污水处理厂，规定了化学需氧量、氨氮、总氮和总磷 4 项主要水污染物控制指标，其余指标仍执行《城镇污水处理厂污染物排放标准》（GB 18918—2002）中一级 A 标准。经调查统计，以处理生活污水为主的城镇污水处理厂提标改造重点在解决总氮达标，本文通过改造原有生化系统，原位强化脱氮，达到提标排放的目的，以期为处理生活污水为主的城镇污水处理厂提标项目提供参考。

3.3.1　工程概况

浙江省某城镇污水处理厂设计总规模为 $5.0×10^4 m^3/d$，已经建成一期 $3.0×10^4 m^3/d$。服务总面积 $11km^2$，处理的废水以生活污水为主。现实际进水水量在 $2.4×10^4 m^3/d$ 左右，其中，工业污水为 $0.9×10^4 m^3/d$ 左右（印染废水 $5000m^3/d$，皮革废水 $4000m^3/d$）；生活污水为 $1.5×10^4 m^3/d$ 左右。采用 6 组 CASS 池为主体处理工艺，出水执行《城镇污水处理厂污染物排放标准》（GB 18918—2002）一级 A 标准。其污水处理工艺流程见图 3.3.1。

污水处理厂提标前一年进出水水质浓度均值见表 3.3.1。出水化学需氧量、氨氮、总磷均能达到《城镇污水处理厂污染物排放标准》（GB 18918—2002）一级 A 标准及浙江省《城镇污水处理厂主要水污染物排放标准》（DB 33/2169—2018）[1] 要求，污水处理厂提标只需保证总氮能稳定达到排放标准即可。

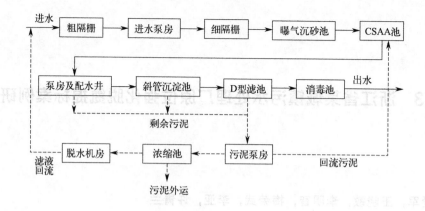

图 3.3.1   污水处理厂原工艺流程

表 3.3.1   原有工程提标前一年进出水水质情况一览表   单位：mg/L

污染指标	化学需氧量	氨氮	总氮	总磷
进水	267	18.8	19.4	2.07
出水	18	1.01	11.4	0.08
一级 A 标准	≤50	≤5(8)①	≤15	≤0.5
城镇污水处理厂主要水污染物排放标准	≤40	≤2(4)②	≤12(15)②	≤0.3

①括号内的数值在水温小于12℃时执行；②括号内的数值每年的11月1日至次年3月31日执行。

3.3.2   提标改造技术路线

3.3.2.1   进水水质水量

（1）进水水量。污水处理厂设计处理规模为 $3.0 \times 10^4 \ m^3/d$，现实际进水规模为 $2.4 \times 10^4 \ m^3/d$ 左右，其中生活污水约占 62.5%，工业废水约占 37.5%，工业废水以印染、皮革行业为主。

（2）进水水质。收集范围内的企业在厂区内处理达到《污水排入城市下水道水质标准》（GB/T 31962—2015）A 级后排放到市政管道中送至污水处理厂处理。污水处理厂设计进水及各阶段水质详见表 3.3.2。

表 3.3.2   污水处理厂水质情况表   单位：mg/L

污染指标	化学需氧量	氨氮	总氮	总磷
设计进水水质	350	40	45	4.0
实际进水水质	267	18.8	19.4	2.07
沉砂池出水	240	17.3	17.6	1.98
CASS 池出水	48	1.08	13.2	0.629
斜管沉淀池出水	21.6	1.01	12	0.225
出水水质	18	1.01	11.4	0.08
设计出水水质	≤40	≤2(4)	≤12(15)	≤0.3

3.3.2.2　实施方法及实施结果

皮革废水 4000m³，主要纳入 5#、6# CASS 池处理。考虑到该部分废水氨氮（>35mg/L）和总氮浓度（>50mg/L）高，对系统会造成冲击，对 5#、6# CASS 池实施生物强化总氮减排工作。在 5#、6# CASS 池投加反硝化菌各 80kg，并适当优化原工艺运行参数。

在生化系统实现原位强化生物脱氮。实施前需要了解原有工艺运行参数，包括污泥龄、溶解氧、pH 值、BOD 及抑制性有机物等。调试时间 2～4 周。硝化菌[2] 投加点在好氧池前端，反硝化菌投加点在缺氧池前端，投加剂量见表 3.3.3。

表 3.3.3　实施原位高效微生物强化脱氮技术一般城镇污水厂投加剂量

建议投加量/(kg/d)				总用量/kg
第 1～2 天	第 3～4 天	第 5～7 天	第 8～27 天	
32.00	16.00	8.00	4.00	200.00

注：以上投加量基于平均 $Q=10000\text{m}^3/\text{d}$。

实施前 5#、6# CASS 池 TN 平均去除率为 41.2%，进水平均 TN 为 19.4mg/L，出水平均 TN 为 11.4mg/L。实施后污水处理厂总排放口出水平均 TN 为 8.8mg/L。生化系统 TN 去除率显著提高，出水 TN 平均浓度较实施前降低 20%。实施前后出水水质变化情况见表 3.3.4，实施后出水 TN 情况见图 3.3.2。

表 3.3.4　生物强化工程实施前、后生化池出水平均水质情况　　单位：mg/L

COD$_{Cr}$			NH$_4^+$-N			TN		
原水	出水		原水	出水		原水	出水	
	实施前	实施后		实施前	实施后		实施前	实施后
236.69	55.62	54.22	18.80	1.01	0.86	19.40	11.40	8.86

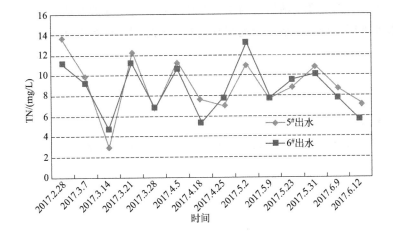

图 3.3.2　湖州南浔振浔污水处理有限公司生物强化脱氮工程实施后生化系统出水 TN 情况

3.3.3 运行情况及经济技术指标

3.3.3.1 运行情况

经过将近 6 个月的调试，系统正常运行，出水满足《城镇污水处理厂主要水污染物排放标准》（DB 33/2169—2018）和《城镇污水处理厂污染物排放标准》（GB 18918—2002）中的一级 A 标准，即化学需氧量≤40mg/L，生化需氧量≤10mg/L，悬浮物≤10mg/L，氨氮≤2（4）mg/L，总氮≤12（15）mg/L，总磷≤0.3mg/L。

3.3.3.2 经济技术指标

以 $10000\text{m}^3/\text{d}$ 废水处理量计。菌剂效果保质期限为 1 年。第二年视水质情况补加，或在换季时节补加，剂量一般为首次用量的一半，系统运行正常情况下不需要补加。

硝化菌强化氨氮减排成本：$200\text{kg} \times 550$ 元/kg＝11.00（元/m^3 水）。

第一年成本：11.00/1/365＝0.030（元/m^3 水）。

反硝化菌强化总氮减排成本：$200\text{kg} \times 850$ 元/kg＝17.00（元/m^3 水）。

第一年成本：17.00/1/365＝0.047（元/m^3 水）。

3.3.4 结论

（1）污水处理厂处理废水以生活污水为主，提标选用原位强化脱氮工艺，使其出水能稳定达到《城镇污水处理厂主要水污染物排放标准》（DB 33/2169—2018）和《城镇污水处理厂污染物排放标准》（GB 18918—2002）中的一级 A 标准要求。

（2）该污水处理厂实际处理规模为 $2.4 \times 10^4 \text{m}^3/\text{d}$，为稳定达标增加直接吨水处理成本为 0.077 元/t。

（3）该工程可为以处理生活污水为主的城镇污水处理厂提标改造项目提供参考，但各地仍需根据污水处理厂运行实际情况因地制宜地对污水处理厂进行提标改造。

参考文献

[1] DB 33/2169—2018，城镇污水处理厂主要水污染物排放标准[S]. 浙江：浙江省人民政府，2018.

[2] 徐灏龙，李明智，仝武钢，等，高浓度亚硝化细菌的规模化培养方法及其用途(ZL200910154684.X)

3.4　衢州市污水处理厂提标中氧化沟改造效果分析

作者：林常春[1]，宋乐群[2]，毛晓波[2]，梁坤[2]

作者单位：1. 浙江工业大学工程设计集团有限公司，杭州；2. 浙江衢州水业集团有限公司，衢州

摘要：衢州市污水处理厂按照浙江省地方标准《城镇污水处理厂主要水污染物排放标准》（DB 33/2169—2018）进行技术改造。将原一期三沟式氧化沟、二期 DE 氧化沟改造为 AAO 工艺。改造完成后生化池出水 NH_4^+-N、TN、TP 稳定达到出水标准。改造前后，生化池出水指标中 NH_4^+-N 均值由 0.69mg/L 降至 0.35mg/L；TN 均值由 8.62mg/L 降至 5.04mg/L；TN 出水指标降低 3~4mg/L，处理率提高 15%~20%。

关键词：污水厂提标；氧化沟改造；总氮指标；处理率

3.4.1　项目背景

随着人们环境保护意识的强化，国家及各级政府管理部门一系列保护环境法律法规的颁发，对城市污水治理工作的要求也越来越高。2018 年 12 月，浙江省地方标准《城镇污水处理厂主要水污染物排放标准》（DB 33/2169—2018）正式发布，要求强化化学需氧量、氨氮、总磷、总氮四项城镇污水处理厂主要水污染物指标管控，分类、分阶段提高主要水污染物排放标准，加快推进城镇污水处理厂清洁排放技术改造。

3.4.2　污水处理厂概况

衢州市污水处理厂总规模 $15 \times 10^4 m^3/d$，分三期建设。其中一期规模 $5 \times 10^4 m^3/d$，于 2003 年建成，采用沉砂池＋三沟式氧化沟工艺；二期 $5 \times 10^4 m^3/d$，于 2013 年建成，采用沉砂池＋DE 氧化沟＋二沉池工艺；三期 $5 \times 10^4 m^3/d$，于 2020 年建成，采用沉砂池＋AAO＋二沉池＋高效沉淀池＋反硝化滤池工艺。为达到浙江省城镇污水厂清洁排放要求，实施一期、二期提标改造工程。

3.4.3　提标改造工程方案

3.4.3.1　一期、二期存在问题分析

一期三沟式氧化沟存在利用率低、处理效果差、不节能等问题[1~3]。中间沟为曝气池，

两条边沟交替作为曝气池和沉淀池。曝气池利用效率较低，三分之一处于闲置状态。运行过程中，存在短流问题，影响处理效果，增加后续深度处理负荷。现场运行情况分析显示，该处理单元反硝化能力弱，硝化效果也不理想。同时一期氧化沟采用转刷曝气方式，共设计18台45kW水平转刷曝气机，常用功率450kW左右，表曝的方式不仅能耗高，且充氧效果差。图3.4.1为三沟式氧化沟运行工况。

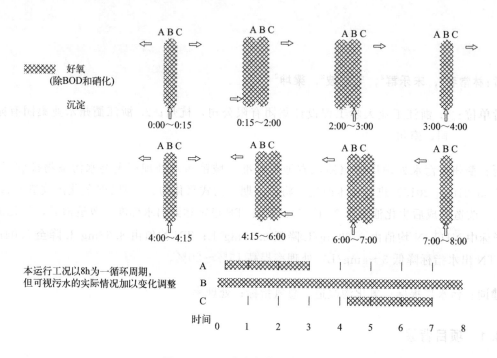

图3.4.1　三沟式氧化沟运行工况

二期DE氧化沟存在分区不明显、反硝化效果差等问题[1~3]。采用双沟式氧化沟，相比AAO工艺，由于分区不明显，反硝化内回流不可控，导致整体反硝化不足，出水TN指标偏高。

3.4.3.2　提标改造技术方案

结合新的排放标准要求，COD_{Cr}、氨氮、总氮三个主要指标的去除通过强化二级处理完成。拟采用改变池型、功能分区、水流设置、进出水设置、污泥回流、硝化液回流设置等改造措施。改氧化沟为脱氮除磷效果好、运行更稳定的改良型AAO工艺[4,5]。TP指标在生物除磷的基础上，强化深度处理设施，通过化学除磷实现达标，同时兼顾应对溶解性难降解COD_{Cr}的去除。主要措施是在深度处理环节增设高效沉淀池[6,7]。同时增设反硝化深床滤池[6,7]，冬季低温时启动反硝化功能，确保总氮达标。

3.4.3.3　氧化沟改造设计

工程上通过增设隔墙，划分生化处理功能分区；设置硝化液回流墙泵、解决硝化液回流问题。设置推流搅拌器，改善池体水流流态。一期、二期氧化沟改造平面布置分别见图3.4.2和图3.4.3。主要设计参数见表3.4.1。

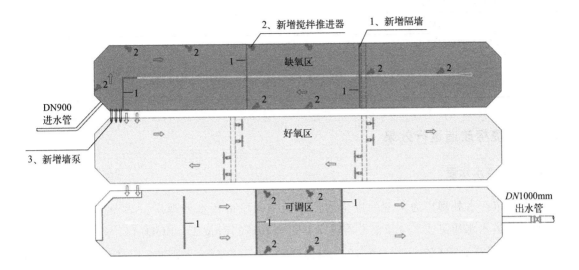

图 3.4.2　一期氧化沟改造方案

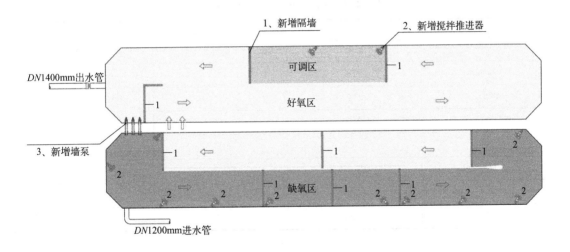

图 3.4.3　二期氧化沟改造方案

表 3.4.1　一期二期氧化沟改造设计参数一览

设计参数	一期三沟式氧化沟改造	二期 DE 氧化沟改造
设计流量/($\times 10^4\mathrm{m^3/d}$)	5	5
混合液浓度/(g/L)	3.5	6.0
污泥负荷/[kgBOD$_5$/(kgMLSS·d)]	0.123	0.136
有效水深/m	3.5	3.5
厌氧池(选择池)停留时间/h	1.87	1.87
缺氧池停留时间/h	4	4

续表

设计参数	一期三沟式氧化沟改造	二期 DE 氧化沟改造
可调节区停留时间/h	1	1
好氧池停留时间/h	8.5	7.6
总水力停留时间/h	15.4	14.5
污泥外回流比/%	50～100	50～100
混合液内回流比/%	200～400	200～400

3.4.4 提标改造运行效果

3.4.4.1 进水水质

衢州市污水处理厂为典型的以生活污水为主的城市污水处理厂。2019～2020 年该污水处理厂进水水质见表 3.4.2。平均进水 COD 230～318mg/L，BOD_5 117～192mg/L，SS 146～217mg/L，pH 值 6.55～8.18，NH_4^+-N 7.3～37.5mg/L，TN 14.5～54mg/L，TP 0.56～3.93mg/L。

表 3.4.2 2019～2020 年进出水水质情况

项目	进水水质/(mg/L)		
	最大	最小	平均
COD_{Cr}	318	230	258
BOD_5	192	117	142
SS	217	146	179
pH	8.18	6.55	7.0
NH_4^+-N	37.5	7.3	17
TN	54	14.5	21
TP	3.93	0.56	2.14

3.4.4.2 改造前处理效果

针对衢州市污水处理厂以生活污水为主的特点，提标改造中主要关注污染物指标为 NH_4^+-N、TN 和 TP。污水处理厂长期以来运行较为稳定，改造前 NH_4^+-N、TN 实测指标（2020 年）见图 3.4.4，TP 实测指标（2020 年）见图 3.4.5。

3.4.4.3 改造后处理效果

改造后，在系统稳定运行期间，每日取系统进水、一期生化池出水、二期生化池出水，测定 NH_4^+-N、TN、TP 浓度。NH_4^+-N、TN 及 TP 测定均采用国家标准方法。实测运行数据（2023 年 4 月 17 日～2023 年 8 月 21 日）分别见图 3.4.6 和图 3.4.7。

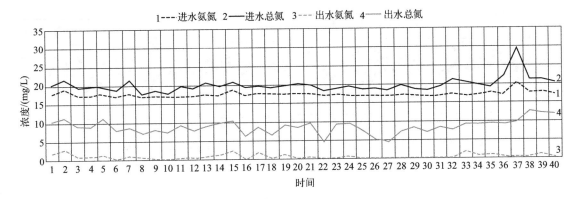

图 3.4.4 改造前氨氮、总氮指标实测

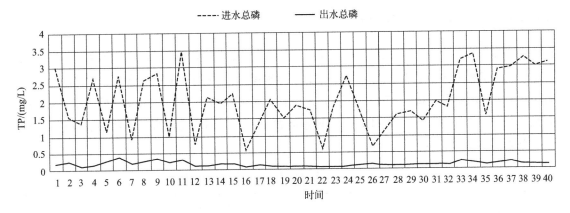

图 3.4.5 改造前总磷指标实测

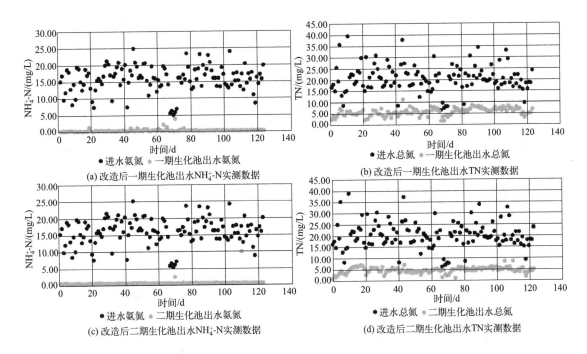

图 3.4.6 改造后氨氮、总氮指标实测

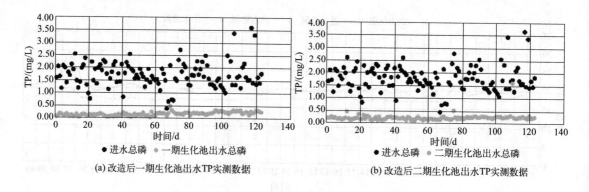

(a) 改造后一期生化池出水TP实测数据　　(b) 改造后二期生化池出水TP实测数据

图 3.4.7　改造后总磷指标实测

3.4.4.4　改造前后处理效果分析

改造前后污染物指标去除比较见表 3.4.3。由表可知，改造后，生化池出水指标中 NH_4^+-N 均值由 0.69mg/L 降至 0.35mg/L，处理率有所提高；TN 均值由 8.62mg/L 降至 5.04mg/L，处理率提高了 15%～20%；总磷指标基本维持不变。可见改造后一期氧化沟处理效率低、反硝化能力弱、硝化效果不理想问题，以及二期氧化沟分区不明显、反硝化能力不足问题得到有效解决。

表 3.4.3　改造前后污染物指标去除比较

污染物指标		NH_4^+-N/(mg/L)	TN/(mg/L)	TP/(mg/L)
改造前	改造前生化池出水指标均值	0.69	8.62	0.17
	处理率均值	96.1%	56.8%	90.2%
改造后	一期生化池出水指标	0.36	5.44	0.17
	一期生化池处理率均值	97.3%	71.8%	88.4%
	二期生化池出水指标	0.35	4.65	0.17
	二期生化池处理率均值	97.6%	75.7%	89.2%
	改造后生化池出水指标均值	0.35	5.04	0.17
	处理率均值	97.4%	73.8%	88.8%

3.4.5　结论

截至 2021 年，全国已有城市及县城污水处理厂 4592 座。氧化沟工艺是现有污水处理厂中应用最广的处理工艺之一。衢州市污水处理厂作为典型的生活污水处理厂，其提标改造思路及氧化沟改造实践效果分析，对类似项目提标具有一定的指导作用。

（1）针对部分氧化沟分区不明显、脱氮效果差的污水处理厂，提标改造中强化二级处理是关键和可考虑的改造方案。常见的可行工程措施有：增设隔墙，调整生化处理功能分区；设置硝化液回流墙泵，解决硝化液回流问题；设置推流搅拌器，改善池体水流流态，避免积泥等。

（2）合理改造氧化沟为 AAO 工艺，生化池出水 NH_4^+-N、TN、TP 浓度分别为 0.35mg/L、5.04mg/L、0.17mg/L，可以较好满足浙江省清洁排放要求。相比较氧化沟处理工艺，在其他处理指标不下降情况下，提标关键控制指标 TN 均值降低 3～4mg/L，处理率提高 15%～20%。

（3）为适应更高标准出水指标要求，以及更好保证出水达标，深度处理可以考虑增加混凝沉淀和反硝化过滤工艺。主要用于难降解 COD、TP 等去除，以及确保冬季低温情况下的 TN 达标。

参考文献

[1]　彭侠,卢永峰,郭一舟,等.双沟式氧化沟与三沟式氧化沟实际运行效果比较[J].中国给水排水,2014,30(5): 67-74.

[2]　戴杨叶,张大鹏,伍林芳,等.某污水处理厂提标工程中的氧化沟改造实践[J].中国给水排水,2022,38(24): 92-96.

[3]　张岚欣,董俊,刘鲁建,等.湖北省某市政污水处理厂提标改造工程设计[J].环境工程,2023,41: 171-178.

[4]　楼丹,梅竹松,陈潜,等.余杭污水处理厂 DE 氧化沟扩容工程实例及分析[J].中国给水排水,2020,36(18): 102-107.

[5]　陈涛,李军,陈潜,等.余杭污水处理厂提标改造——强化二级处理、深度过滤[J].2016,35(2): 11-15.

[6]　刘贞贞,黄显怀,王坤,等.磁混凝沉淀-反硝化滤池用于污水厂准Ⅳ类标准提标改造[J].工业用水与废水,2023, 54(2): 83-87.

[7]　关永年.BAF＋高效沉淀池＋V型滤池用于污水厂高标准提标改造[J].中国给水排水,2023,39(14): 66-70.

3.5　Durham 污水处理厂提标改造
——新增生污泥厌氧释磷和磷回收

作者：肖威中[1]，　Nate Cullen[2]，陈涛[3]，李军[3]

作者单位：1. T&M Associates Inc.，New Jersey，USA；2. Clean Water Services，Oregon，USA；3. 浙江工业大学环境学院，杭州

摘要： Durham 污水处理厂原采用典型的 AAO 工艺＋强化化学除磷和砂滤，并于 2002 年研制了 UFAT 技术对初沉池污泥浓缩发酵，促进可挥发性脂肪酸的释放以利用其作为碳源强化生物脱氮除磷，减少外加除磷所需药剂量。为应对磷排放要求的提升，减少污泥厌氧消化系统中鸟粪石累积对管道、设备等的损害，同时降低消化液回流对主体工艺的氮、磷负荷，该厂进行了升级改造。2009 年该厂新增 Pearl® 磷回收工艺生产基于鸟粪石成分的 Crystal Green™ 化肥产品，并研发配套的 WASSTRIP™ 工艺强化磷、镁的释放，以进一步减少鸟粪石在污泥系统中的产生和积累，使得污泥中约 65% 的磷得到固化利用，改善了生物除磷的效果、减少了后端强化化学除磷所需药剂量的 40%，同时提高了消化污泥脱水率，据测算可在 7 年后收回投资成本并产生经济收益。

关键词： 城镇污水处理厂；提标改造；磷回收；污泥消化；WASSTRIP™；Pearl®

3.5.1　基本概况和提标改造的必要性

3.5.1.1　基本概况

Durham 污水处理厂位于美国俄勒冈州的泰格德市，始建于 1976 年，由美国 Clear Water Services（CWS）建设并运营管理，目前处理规模约为 $9.8 \times 10^4 \text{m}^3/\text{d}$，服务人口约 25 万，污水来源主要为市政污水（雨污合流）及少量经预处理的工业废水。该厂原主体工艺采用典型的 AAO 工艺＋强化化学除磷和砂滤，污泥处理采用厌氧消化并利用厌氧产生的沼气发电以回收能源，其工艺流程如图 3.5.1 所示，主要进出水水质指标及排放标准如表 3.5.1 所列。出水经过氯消毒后排入附近的图雷森河。由于严格的磷排放标准，该厂在初期阶段前端（初沉池）和后端（三级加药）均采用添加铝盐的强化化学除磷方式，二者剂量在 30mg/L 上下浮动；2002 年起，该厂采用了自主研发的 UFAT 技术（unified fermentation and thickening）对初沉池污泥进行同步浓缩和发酵水解，以促进可挥发性脂肪酸（VFA）的释放并

回用到主体工艺中以强化生物除磷效果，同时取消了前端加药，后端加药量也减至约20mg/L。

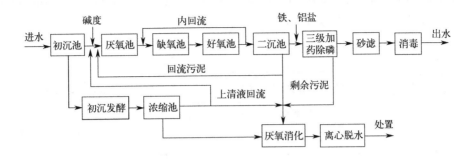

图 3.5.1　Durham 污水处理厂原工艺流程

表 3.5.1　主要旱季进出水水质指标及排放标准　　　　　　　　单位：mg/L

指标	平均进水	实际出水	夏季排放标准	冬季排放标准
BOD	200	<2.0	5.0	10.0
TSS	200	<2.0	5.0	10.0
TP①	6～8	<0.1	0.1	无
氨氮②	25	<0.1	0.2	无

①夏季为 5 月 1 日至 10 月 31 日；②夏季为 5 月 1 日至 11 月 15 日。

3.5.1.2　设计水质和水量

虽然该厂具有化学及生物两套除磷工艺，但整体而言生物除磷效果并不稳定，后端加药量波动幅度较大。污泥厌氧消化上清液及污泥脱水回流液等经泵送回主体工艺，增加了该厂氨氮负荷约 30％、磷负荷约 20％～30％，这是造成主体工艺生物脱氮除磷效率经常波动的主要原因之一。尽管该厂没有总氮排放要求，但污泥厌氧产生的氨氮回流势必提高曝气能源消耗、加大工艺维护难度及提高操作运行成本。同时在污泥厌氧处理工段中易出现鸟粪石积累和沉淀，引起消化池、热交换器、管道等堵塞，对正常运行造成影响，需增加定期清除等维护工作。

CWS 在 2000 年初期就开始考虑进行提标改造以稳定生物除磷效果，并消除鸟粪石的困扰。CWS 认为如果能将污泥消化液的磷、氨氮在回流之前去除，该厂整体运行的不稳定因素会大大降低；同时该厂主要采用的是生物除磷，如果能够将剩余污泥内含的磷在进入厌氧消化之前释放出来而不进入消化池，则鸟粪石沉淀现象也会得到相应的缓解。

3.5.2　提标改造技术路线及实施

3.5.2.1　技术路线

为解决回流液等对主体工艺造成的氨氮和磷的冲击负荷，以及鸟粪石积累对污泥厌氧消化系统、管道等的堵塞问题，同时考虑"变废为宝"，将磷、氨氮加以回收利用，Durham

污水厂于 2009 年开始采用总部位于加拿大温哥华的 Ostara 营养盐回收技术公司（以下简称 Ostara）的 Pearl® 磷回收工艺进行提标改造，并于 2011 年开始研发与 Pearl® 工艺配套的剩余污泥内含磷分离专利工艺（wasted activated sludge stripping to remove internal phosphorus，WASSTRIP™）。其工艺流程如图 3.5.2 所示。

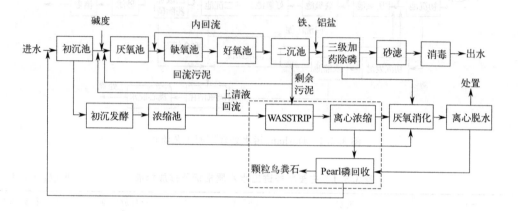

图 3.5.2　Durham 污水处理厂提标改造工艺流程

3.5.2.2　磷回收的背景介绍

自 1881 年第一个利用厌氧消化原理建造的污水处理厂进行回收沼气开始，污水处理资源化已经有近 140 年历史，以沼气形式回收污泥中有机质能源一直是污水处理资源回收的一个主流方式。近年来，通过对污水处理机理的研究和工程实践经验的积累，一些更为积极的利用污水中有机物、无机物、能量等的工艺也在不断地推陈出新，利用生物脱氮除磷产生的聚羟基烷酸酯回收生产热塑材料、利用厌氧消化产生的甲烷生产氨氮、甲醇等目前都已经成为污水处理中的研究热点[1,2]。磷作为公认的富营养化促进因子已经成为污水处理排放指标中一个不断被强化的指标。同时，作为肥料中的重要组成部分，磷存在着大量的需求但探明存储量有限。在污水以及肥料中，磷元素通常是以磷酸根的形式存在，因此，业界近些年来对如何把污水中的磷元素提取并转化为磷肥产生兴趣并取得了较大的进展[3]。

对于污水中磷的去除，通常是采用化学除磷或生物除磷，即添加金属盐形成磷酸金属的沉淀或者采用特有的聚磷菌（PAO）的生物法把磷转化浓缩到微生物当中。这两种方式的最终结果都是把水体中的磷浓缩聚集到污泥中去，然后通过排泥完成污水的除磷。上述过程中由于磷酸根的浓度因浓缩而不断提高，在很多情况下会形成一种溶解度很低的金属磷酸盐，即六水磷酸铵镁（$MgNH_4PO_4 \cdot 6H_2O$，MAP），俗称鸟粪石沉淀或鸟粪石结晶（struvite）。鸟粪石的通用化学式为 $AMPO_4 \cdot 6H_2O$，其中 A 代表钾或者铵，M 代表金属镁、钴或者镍。由于其在污水处理厂管道、机械设备、热交换器等的内部及表面累积，对污水处理厂的正常运行造成严重影响，自 1937 年首次报道在污水处理厂中发现鸟粪石以后的数十年中，业界一直都在关注如何防止它的形成和经济有效的去除方式，而不是如何富集和利用。在最近的十几年中，人们开始认识到鸟粪石是一种利用价值极高的物质，富含植物生长必需的氮、磷等元素，并且可以在 6～9 个月的时间缓慢释放，因此作为一种优质化肥使用有着重大的经济价值[4]。自 1999 年以来，世界各国包括日本、荷兰、德国等开始研究并开始工程化应用，在污水处理过程中回收磷、铵等并在线生产鸟粪石。鸟粪石结晶的研究重点在于如何控制反应条件使得鸟粪石的各组成成分能在合理的时间、反应条件下快速结晶并增长粒径成为颗粒状，而不是在反应器内表面形成表面沉淀物[5]。

市政污水中磷、氨氮的含量多为 5～10mg/L 和 20～30mg/L，活度积低于溶度积，直接从原污水中回收鸟粪石需外加大量镁离子，经济收益率过低。在化学除磷工艺中因添加铁盐、铝盐将磷酸根转化为金属沉淀，经再溶解、沉淀，工艺路线较长且失去经济价值，因此生产鸟粪石工艺大多应用在磷、铵等浓缩后的游离磷酸根在 90mg/L（以 P 计）以上的生物除磷厌氧消化污泥或者其他方式释放出磷后的工艺当中。中国由于排放标准的不断提高，AAO、氧化沟等生物除磷已经成为一种常规工艺且为大量污水处理厂采用，因此将鸟粪石回收工艺整合到现有的污水处理厂不仅有经济效益也有现实意义和应用基础。

目前，成熟应用的磷回收工艺技术路线主要分为三类，即选择性离子交换、在连续搅拌釜中形成鸟粪石沉淀、在流化床反应器（FBR）或者曝气反应器中形成鸟粪石沉淀。上述第三种，其流化床/曝气反应器因固、液停留时间可以分别控制而更为灵活，因此成为科研和工程应用最为广泛的主流工艺，其特征主要是：在流化床反应器中通过利用污泥中的内含磷、铵、镁以及外加的化学药剂使得这三种成分物质的量比尽量接近 1∶1∶1；水、泥通常从反应器底部进入，形成连续上流式流态；曝气一方面通过吹脱泥水中由厌氧消化产生的饱和二氧化碳来提升反应 pH 值，以利于鸟粪石的形成并减少外部碱量的投加，另一方面，一旦鸟粪石结晶自发形成或者通过外加沙粒、鸟粪石小晶体等诱导形成，通过曝气可以使之持续聚合形成颗粒；根据具体工程需要，反应器进水（泥）流量多控制在 0.004～0.3m³/h；通过曝气和进水（泥）量的调节，使得形成的鸟粪石颗粒悬浮于流体中不致沉淀而有利于颗粒粒径的增大。工程实践数据表明在生产鸟粪石的工艺中，磷的回收效率可以达到 60%～90%[6]。在实际运行中，鸟粪石颗粒平均尺寸达到约 3.5mm 可视为反应完成，相应的停留时间为 6～17d。

3.5.2.3 提标改造的工艺实施

Durham 污水处理厂于 2009 年选择了 Pearl® 工艺进行磷回收改造，是美国第一个大规模应用于污水处理厂的磷回收实际工程项目。Pearl® 工艺的主要核心部分是利用鸟粪石合成原理的 FBR 反应器（如图 3.5.3 所示），其主要工艺流程如图 3.5.4 所示。反应器主要进水为消化污泥的离心脱水上清液，其鸟粪石产品是美国农业部核定许可的商标为 Crystal Green™ 的化肥产品，该产品由 Ostara 公司全部付费回收并投放市场，因此 Durham 污水处理厂不仅能够削减一部分磷、氨氮的回流负荷，而且真正地实现了资源回收利用并产生了经济效益。

尽管该工艺实施后可回收利用污泥消化液中溶解磷的 85%～90%，但还有相当一部分的磷内含在剩余污泥当中没有被利用，脱水之前的厌氧反应器内部、管道等设备仍然会产生累积鸟粪石现象，因此污水处理厂运管方 CWS 在 Ostara 公司帮助下，开始研制并申请与 Pearl® 配套运行的 WASSTRIP™ 专利工艺，并于 2011 年对已有的 Pearl® 工艺进行了整合改造。WASSTRIP™ 工艺的核心是将生污泥（未经处理的污泥）中的约 40%磷和镁（最优

图 3.5.3　Pearl® 工艺主反应器现场

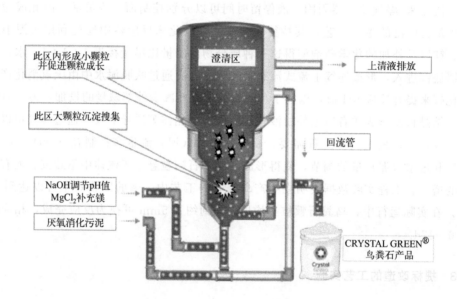

图 3.5.4　Pearl® 工艺流程

化条件下）在进入厌氧消化前释放出来。释磷通常采用的方法是将污泥置放 36~96h，利用污泥自身的内源呼吸期末期聚磷菌细胞自行分解释放出内含的磷，但这需要较长时间，使得该方法的应用受到诸多现实操作条件的限制。如上所述，Durham 污水处理厂处理主体工艺是 AAO 工艺，且初沉池作为一级处理方式，为了满足厌氧区和缺氧区的释磷和反硝化过程对于易降解 COD（尤其是 VFA）的特定需求，该厂较早就采用了 UFAT 工艺，将初沉池污泥水解发酵产生的一定量 VFA，用以加强除磷、脱氮的效果。WASSTRIP™ 工艺则利用其中产生的一部分 VFA 作为碳源，将其和剩余污泥混合，在厌氧环境下促使聚磷菌快速释磷，类似于污水中的厌氧释磷段。整个释磷阶段也类似于污水厌氧释磷，小试阶段可以将整个释放过程控制在 10~14h。在释磷的过程中，剩余污泥内含的镁离子也会随之释放。经过 WASSTRIP™ 工艺后，污泥离心脱水，富含磷、镁的上清液进入 Pearl® 工艺中，浓缩后的污泥则进入后续的污泥消化工艺。通过采用 WASSTRIP™ 工艺，尤其是其中的关键离子——镁离子浓度的降低，大幅降低了鸟粪石形成所需的过饱和活度积，使得在污泥厌氧消化中鸟粪石减少，大大消除了相关不良影响。但由于工艺本身提供的吹脱二氧化碳所提升的 pH 值有限而不能达到快速形成鸟粪石的条件，WASSTRIP™ 工艺中镁、磷的物质的量比稳定在 0.3 左右，未达到所需的镁和鸟粪石的质量比约为 1：10 的要求，因此需要外加碱度和溶解性镁盐。目前，该厂采用氯化镁和氢氧化钠作为化学调节药剂。

通过 Pearl® 工艺和 WASSTRIP™ 工艺的联合使用，Durham 污水处理厂在实际操作过程中能够将聚磷菌中约三分之一的磷释放出来并用于形成鸟粪石颗粒，但也因具体情况而波动。VFA 从初沉池污泥水解发酵工艺中分离至 WASSTRIP™ 工艺的操作需要不断调节，毕竟发酵所产生的 VFA 浓度和总量有限，过多的分流一是会影响主体 AAO 工艺本身的生物脱氮除磷效果；二是会稀释 WASSTRIP™ 工艺中污泥的浓度，降低磷、镁的浓度，影响后续的 Pearl® 工艺中添加的碱量、鸟粪石形成的速率和颗粒大小等。实际运行中，VFA 添加量和剩余污泥释放比例关系如图 3.5.5 所示。

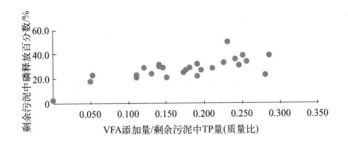

图 3.5.5　WASSTRIP™ 工艺中 VFA 添加量和剩余污泥释放比例关系

由图 3.5.5 可知，尽管最大的磷释放量并不一定对应着最高的 VFA 添加量，但二者确实有一定的正相关性，因此这些工艺的应用需要根据生产过程进行具体调整以达到优化目的。除了 VFA 添加量外，在最初试验阶段停留时间也被认为是一个需要调整的至关重要的参数，但现场试验研究和工程实践均显示这种关系似乎并不明显，如图 3.5.6 所示。因此，目前该厂实际运行中将停留时间设置在 10~24h、VFA 和剩余污泥的比例控制在 0.05~0.3。

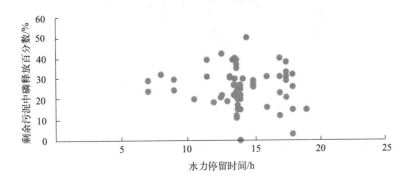

图 3.5.6　WASSTRIP™ 工艺中剩余污泥磷释放和停留时间的关系

3.5.3　改造效果

3.5.3.1　WASSTRIP™ 的使用改造效果

在应用 WASSTRIP™ 工艺后，通过释磷进入 Pearl® 工艺中的磷占剩余污泥中磷含量的 30%左右（如表 3.5.2 所列）。在安装 WASSTRIP™ 后，由于新释放磷的增加，Pearl® 工艺的磷负荷较之前增加了约 80%。伴随磷释放，镁也同时得到释放，实际生产数据表明剩余污泥中大约 50%的镁被释放到 Pearl® 工艺中。

表 3.5.2　WASSTRIP™ 磷释放月平均效果

2011 年	平均释磷浓度 /(mg/L)	剩余污泥中磷 含量/(mg/L)	释磷比例/%	水力停留 时间/h	进入 Pearl® 工艺的 流量/(m³/d)	对 Paerl® 工艺的 稀释程度/%
6 月	101	437	23.1	15.1	1,416	33
7 月	126	466	27.0	16.1	1,325	37
8 月	137	450	30.4	16	1,340	36
9 月	102	413	24.7	15.5	1,397	8
10 月	72	307	23.5	15.4	1,397	8
11 月	121	381	31.8	14.4	1,488	22

WASSTRIP™ 工艺投产试用之后污泥厌氧系统中形成的鸟粪石沉淀现象大大减轻（前后对比如图 3.5.7 所示），改善了设备、管道等的运行。

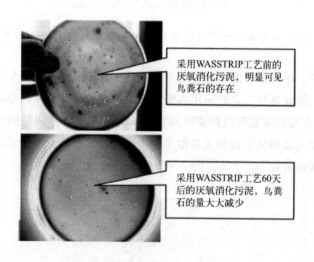

图 3.5.7　WASSTRIP™ 投产前后污泥厌氧消化系统中鸟粪石含量对比

3.5.3.2　WASSTRIP™ 工艺以及 Pearl® 工艺的联合改造效果

两个工艺改造后的鸟瞰图如图 3.5.8 所示。从两个工艺的联合运行来看，实际生产数据表明剩余污泥中约 65%的磷固化至鸟粪石产品，从而减少了 80%左右回流到主体工艺的溶解性磷负荷、改善了生物除磷的效果、减少了后端强化化学除磷所需药剂量的40％，从而节约了生产成本，并同时增加了鸟粪石颗粒的产量，提高了经济效益。污泥厌氧消化过程中产生的氨氮也被固化到鸟粪石中，减少了回流到主体AAO工艺的氨氮量，减轻了硝化负荷而减少了曝气量，也减少了因硝化所需外加碱度的药剂量。

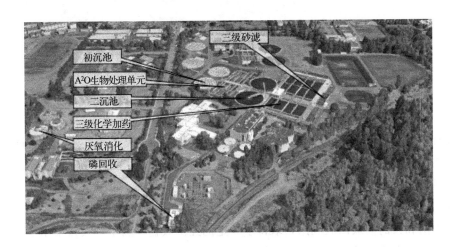

图 3.5.8　Durham 污水处理厂改造后鸟瞰图

　　在多数的实际工程应用中，采用生物除磷的工艺通常会遇到污泥厌氧消化后导致后续脱水率下降的现象，到目前为止有两种理论用来解释这一现象：一是在磷释放过程中，虽然如镁等二价阳离子的释放会提高脱水率，但伴随磷的释放，钾离子等单价阳离子的释放量会多于二价阳离子，导致一价和二价离子比例的增加而造成污泥表面电特性的改变，因此在同等药剂添加量的情况下脱水效率会降低；二是在胞外聚合物（EPS）的存在下，磷会结合更多的水分子而造成脱水率下降。Durham污水处理厂在安装使用WASSTRIP^{TM}工艺和Pearl$^®$工艺后，消化污泥脱水率较之前提高了2％～3％，虽然这一数据因为该厂的离心脱水设备运行一直存在一些问题而导致可信度有待商榷，但类似工艺在其他污水处理厂的应用证实，污泥的强化释磷分离确实有利于污泥脱水效率的提升，目前运营方CWS正在其负责的另外一座Rock Creek污水处理厂的工艺改造中加入类似磷回收装置，相关结论可以得到进一步证实。

　　总体而言，磷回收相关工艺的主要效益不仅仅是降低了曝气所需耗电、减少了外加药剂，从经济上而言，更是因为鸟粪石产品较高的市场价值而取得了较好的经济回报。Durham污水处理厂的整套磷回收装置总投资为250万美元，每天能生产1500kg Crystal Green^{TM}产品，每生产1t该产品需投加1500L氯化镁溶液（33％含量）和1670L氢氧化钠溶液（50％含量），根据当年经济收益估算投资回收期为7年。一些Crystal Green^{TM}产品如图3.5.9所示，该产品通常被称之为5-28-0-10，其含义为产品中含5％的氮、28％的磷、0含量的钾和10％的镁（均为质量分数）。

3.5.4　结语

　　自Durham污水处理厂在提标改造中采用WASSTRIP^{TM}工艺和Pearl$^®$工艺联合之后，

图 3.5.9　部分 Crystal Green 产品实物图

美国陆续有近 10 家污水处理厂采用本文介绍的两种工艺来回收磷和铵，这表明该项技术开始进入成熟期，其中世界上最大的磷回收工程已于 2016 年 5 月在美国芝加哥 Stickney 污水处理厂（日处理能力为 530 万吨）开始试运行，改造后年产鸟粪石肥料约 10000t（日产 27~28t)，预测每年净盈利为 200 万美元，真正实现了"变废为宝"。Durham 污水处理厂实际运行中磷和铵的高效回收利用，取得了一定的经济效益，为中国大量采用生物除磷工艺的污水处理厂正在进行的提标改造工作提供了实践经验。

参考文献

[1]　罗哲. 污泥厌氧产酸发酵液作碳源强化污水脱氮除磷的研究[D]. 无锡：江南大学，2015.

[2]　卢健聪，高大文，孙学影. 基于能源回收的城市污水厌氧氨氧化生物脱氮新工艺[J]. 环境科学，2013，34（4）：1435-1441.

[3]　郝晓地，衣兰凯，王崇臣，等. 磷回收技术的研发现状及发展趋势[J]. 环境科学学报，2010，30（5）：897-907.

[4]　Ueno Y, Fujii M. Three years experience of operating and selling recovered struvite from full-scale plant[J]. Environmental Technology，2001，22（11）：1373-1381.

[5]　王宇珊，曾军，曾庆满，等. 实验室模拟条件下鸟粪石形式回收磷的反应条件优化[J]. 净水技术，2016，35（5）：58-62.

[6]　Muster T H, Douglas G B, Sherman N, et al. Towards effective phosphorus recycling from wastewater: Quantity and quality[J]. Chemosphere，2013，91（5）：676-684.

本文已发表在《净水技术》2016，35（6）：11-17

3.6　神定河污水处理厂提标改造
——CAS-MBR 复合工艺

作者：吴媛媛[1,2]，张彩云[2]，曹明浩[1]，邓磊[1]，俞开昌[1,2]，陈涛[3]，李军[3]

作者单位：1. 北京碧水源科技股份有限公司，北京；2. 北京市污水资源化膜技术工程技术研究中心，北京，3. 浙江工业大学环境学院，杭州

摘要：十堰市神定河污水处理厂原处理规模为 $16.5 \times 10^4 \mathrm{m}^3/\mathrm{d}$，主体工艺采用 AO＋二沉池与 AAO＋MBR 并行工艺，出水混合后，执行《城镇污水处理厂污染物排放标准》一级 B 标准。该厂通过将原废弃二沉池改建为 MBR 池，不增加占地，处理能力扩大到 $18 \times 10^4 \mathrm{m}^3/\mathrm{d}$；通过 CAS-MBR 复合工艺改造，出水水质优于一级 A 标准。

关键词：城镇污水处理厂，提标改造，CAS，MBR

3.6.1　基本概况和提标改造的必要性

3.6.1.1　基本概况

神定河污水处理厂位于湖北省十堰市城区中部张湾区龙潭湾村，总面积约 6.04×10^4 m^2，主要接收和处理中部组团范围内的中心城区生产、生活污水，并容纳上游百二河、张湾河区域汇集的污水，已建成的污水排放干管、支干管总长为 57km，是十堰市主要的污水处理力量。2004 年一期工程建成，设计规模为 $5.5 \times 10^4 \mathrm{m}^3/\mathrm{d}$，采用 AO＋二沉池工艺，设计出水水质为《城镇污水处理厂污染物排放标准》（GB 18918—2002）二级排放标准；2009 年二期工程建成，设计规模为 $11 \times 10^4 \mathrm{m}^3/\mathrm{d}$，采用 AAO＋MBR 工艺，设计出水水质一级 A 标准，两部分混合后达到 GB 18918—2002 中的一级 B 标准，总规模达到 $16.5 \times 10^4 \mathrm{m}^3/\mathrm{d}$，实际处理总水量为 $(13 \sim 15) \times 10^4 \mathrm{m}^3/\mathrm{d}$（如图 3.6.1、图 3.6.2 所示）。由于清污合流、雨污合流，污水峰值流量已超过设计规模（$16.5 \times 10^4 \mathrm{m}^3/\mathrm{d}$），全年日均来污水量为 $(15 \sim 18) \times 10^4 \mathrm{m}^3/\mathrm{d}$，2012 年全年进水水质实测主要指标平均值：$COD_{Cr}$ 约 243mg/L，BOD_5 约 122mg/L，SS 约 213mg/L，氨氮约 27mg/L，TN 约 35mg/L，TP 约 4mg/L，SS 较高。在实施"清污分流、雨污分流"之前必须提高神定河污水处理厂的处理能力，因此，2013 年 7 月至 2014 年 12 月该厂进行了提标扩产升级改造。目前该厂实际处理能力为 $(18 \sim 19) \times 10^4 \mathrm{m}^3/\mathrm{d}$。

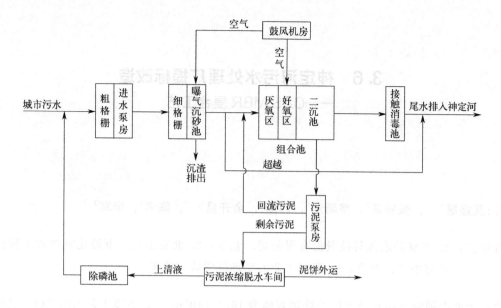

图 3.6.1　一期工艺流程简图

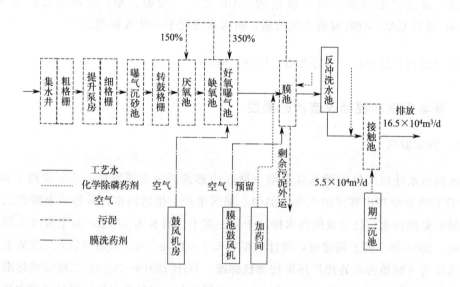

图 3.6.2　二期工艺流程简图

3.6.1.2　提标改造必要性及存在问题

　　该污水处理厂所在十堰市是南水北调中线工程的核心水源区，市内五条河流（神定河、犟河、泗河、官山河、剑河）均为直接入库河流，对丹江口水库水质影响非常敏感。国务院批复的《重点流域水污染防治规划（2011～2015 年）》指出，丹江口库区及上游流域是"十二五"期间国家开展水污染防治的 10 个重点流域之一。国家对该流域城镇污水处理厂的排放控制越来越严，对该城镇污水处理厂提出了达到 GB 18918—2002 一级 A 标准的明确要求，并对相关污染物排放量的削减提出了具体指标。因此，原有工艺一级 B 的出水水质已不能满足要求，需要提标升级。

十堰市城区现有排水设施因投入使用时间长、城区雨污水合流等原因，已处于超负荷运行状态，经常发生溢流入河现象，导致水体污染。因此，本次改造需要实现扩产扩容，设计总规模达 $18 \times 10^4 \mathrm{m}^3 / \mathrm{d}$。

此外，现状污水处理厂由于运行时间较长，部分设备老化，对运行管理及维护带来不便，也需要对部分老化的设备进行大修或更换。

综合分析，改造存在的主要问题是：（1）出水采用一、二期混合出水，要提高总出水水质，必须对一期工程进行改造，并充分挖掘二期工程的潜能，才能使总出水水质合格；（2）要求围墙内建设，在不新增用地、不停产的条件下实现产能从 $16.5 \times 10^4 \mathrm{m}^3 / \mathrm{d}$ 提高到 $18 \times 10^4 \mathrm{m}^3 / \mathrm{d}$。

3.6.2 提标改造技术路线及实施

3.6.2.1 技术路线概述

MBR（membrane bioreactor）具有出水水质高、占地面积小的特点，是用地紧张的污水处理厂提标改造的首选[1,2]。为提升产能、节约占地，将原废弃的二沉池改造为 MBR 膜池，增加 $3 \times 10^4 \mathrm{m}^3 / \mathrm{d}$ 的产能，二期膜系统总处理规模提升至 $14 \times 10^4 \mathrm{m}^3 / \mathrm{d}$，一期总处理规模降至 $4 \times 10^4 \mathrm{m}^3 / \mathrm{d}$，总处理规模达到 $18 \times 10^4 \mathrm{m}^3 / \mathrm{d}$。MBR 的选择原则是：高通量、高寿命、低成本、低能耗。

二期 MBR 系统处理程度较高[3,4]，是出水达标和消减污染物的根本保障，为提升混合出水水质，将 MBR 与 CAS（conventional activated sludge）水量分配比例从 11：5.5 提升至 14：4。活性污泥是生化处理系统的核心，提高有效污泥浓度是提升水质的根本性措施。（1）为提升二期膜系统 MLVSS，需提高预处理效果，粗格栅、细格栅、膜格栅均需要改造，曝气沉砂池需重新投入运行。（2）为保证高污泥浓度下膜系统的正常运行，需要将旧膜组器更换为更抗污染的新型膜组器。（3）降低一期水量负荷，延长 HRT，调配二期膜池混合液至一期生化池，提高一期生化池污泥浓度至 $5000 \sim 6000 \mathrm{mg} / \mathrm{L}$，提高生化处理能力和硝化、反硝化能力。（4）为提高一期 SS、TP 去除率，对 PAC 投加系统进行改造，在二沉池前端投加 PAC 强化絮凝沉淀效果。一期、二期的处理规模可灵活调配，充分发挥一期耐水量冲力和二期耐水质冲击的长处，大大提高工艺整体的抗负荷能力，具体流程如图 3.6.3 所示。

3.6.2.2 扩大产能的措施

将邻近生化池北侧原废弃的二沉池改建为 MBR 池，设置 9 个廊道，每个膜廊道安装 6 个膜组器，预留 2 个膜组器的位置，共计新增 54 台膜组器，增加 $3 \times 10^4 \mathrm{m}^3 / \mathrm{d}$ 的产能，设计通量为 $17.2 \mathrm{L} /(\mathrm{m}^2 \cdot \mathrm{h})$。新建膜设备间，设置 4 台抽吸产水泵，流量 $Q = 430 \mathrm{m}^3 / \mathrm{h}$，扬程为 10m，功率为 18.5kW。经核算，现状曝气风量和吹扫风量满足改造后要求，不增加吹扫曝气风机。

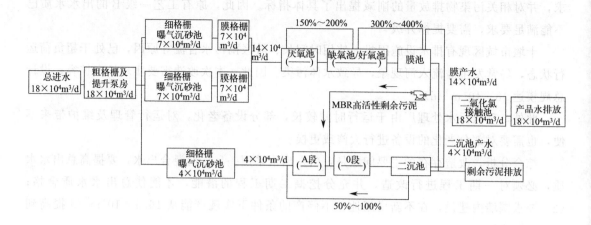

图 3.6.3　CAS-MBR 复合工艺流程

3.6.2.3　提升水质的措施

（1）膜组器升级换代。将现有的 126 套旧型号膜更换为新型带衬抗污染膜；所有膜组器均进行四脚精度调整，并进行改造，实施底部敞口开放槽曝气结构，以降低污泥对曝气管的堵塞；增加膜吹扫脉冲曝气自控系统，以降低鼓风机的运行能耗。MBR 组器性能参数如表 3.6.1 所示。

表 3.6.1　MBR 组器性能参数

膜形式	浸没式中空纤维帘式膜	膜形式	浸没式中空纤维帘式膜
膜组器面积/m²	1650	膜材质	聚偏二氟乙烯（PVDF）
单台组器处理能力/(m³/d)	1000	膜丝类型	带衬增强型
设计平均膜通量/[L/(m²·h)]	17.9	丹斯断裂拉伸力/N	>200
设计峰值膜通量/[L/(m²·h)]	22.17	膜组器寿命/质保期/年	>5
运行方式	抽吸出水	质保期内断丝率/%	<1
膜组器数量/个	198		

（2）细格栅。将现有的 2 台回转式格栅更换为网板式格栅，其进水方式为中心入流，两侧出水，过水面积大，过水量大；全封闭结构，外观及设备周边环境好；整机安装，无需改动原有的土建结构。单台过水量为 1500m³/h，渠道宽度为 1450mm，网板宽度为 2.0m，栅孔间隙为 3mm。配套增加中、高压冲洗水泵。

（3）曝气沉砂池。对现状曝气沉砂池设备及曝气管道进行维修，桥式吸砂机以及砂水分离器均投入使用，更换吸砂泵和砂水分离器，增加不锈钢出水堰；对曝气沉砂池进行清污，将曝气沉砂池重新投入使用。

（4）膜格栅。将现有 4 台转鼓式格栅更换为 1.5mm 的网板式格栅，单台过水量为 2000m³/h，渠道宽度为 2500mm。配套增加中、高压冲洗水泵。

（5）新增二期至一期的 $4 \times 10^4 \text{m}^3/\text{d}$ 的污泥联通泵，将二期的高浓度活性污泥回流至一期好氧池前端，对一期的 NH_4^+-N、TN、BOD_5 进行降解；在膜池回流渠新增 2 台回流泵，1 用 1 备，流量 $Q=4500m^3/h$，扬程 $H=5m$，功率 $N=45kW$。

（6）PAC 由除磷系统提供，将二期的 PAC 管设分支管接入一期生化池的末端，增加到二沉池的投加管道及阀门。

图 3.6.4 为污水处理厂改造总平面图。

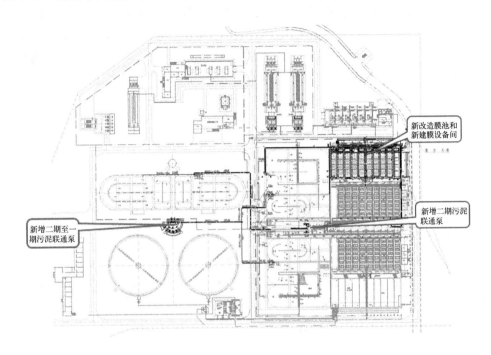

图 3.6.4　污水处理厂改造总平面图

3.6.3　改造效果

3.6.3.1　处理水量

该厂 2015 年处理水量为 $7105×10^4m^3/d$，日均处理水量为 $19×10^4m^3/d$，平均负荷率为 115%。CAS-MBR 复合工艺最大的特点是耐水量冲击负荷，该工程在运行中，以一期 CAS 工艺应对进水水量的波动，使二期 MBR 工艺处理水量基本保持不变。一年来，膜系统运行稳定，随着水量的波动膜系统运行通量为 18.3～25.6 L/（m^2·h），平均运行通量为 $20L/(m^2·h)$。

3.6.3.2　处理水质

2015 年，出水主要污染物指标月平均值控制在以下水平：$COD_{Cr}≤22mg/L$，$BOD_5≤6mg/L$，$SS≤9mg/L$，氨氮 $≤2mg/L$，$TN≤10mg/L$，$TP≤0.4mg/L$，出水主要指标优于《城镇污水处理厂污染物排放标准》（GB 18918—2002）中的一级 A 标准。

3.6.3.3　系统性能

改造前后污泥浓度和污泥负荷情况如图 3.6.5 所示，改造前后数据分别由 2012 年和 2015 年全年运行数据统计得出。改造后，二期 MBR 工艺污泥浓度基本没有变化，好氧池、膜池平均污泥浓度维持在 8.5g/L 以上；一期 CAS 工艺污泥浓度提高 1.4 倍 [如图 3.6.5(a) 所示]，这是由于二期 MBR 工艺高浓度污泥连续输入一期 CAS 工艺。同时，MBR 污泥对一期 CAS 污泥进行了驯化与改良，使 CAS 污泥具备 MBR 污泥的高生物降解能力，系统整体性能得到提升。由图 3.6.5(b) 可知，改造后该厂 COD_{Cr} 去除负荷、BOD_5 去除负荷、硝化负荷、反硝化负荷均有所提升，保证了出水水质。

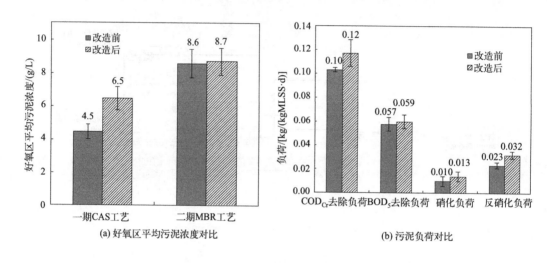

(a) 好氧区平均污泥浓度对比　　　　(b) 污泥负荷对比

图 3.6.5　改造前后系统性能对比

3.6.3.4　工程成本

改造后，全厂平均吨水能耗为 0.415kW·h/m³，吨水用电量为 0.38 元/m³ [以当地电费 0.91 元/(kW·h) 计]，与改造前相当。改造吨水投资约 571 元/m³。

3.6.4　结语

十堰市神定河污水处理厂通过 CAS-MBR 复合工艺改造，实现了水质从一级 B 标准提升至一级 A 标准，满足了新环境标准的要求。将废弃二沉池改建成 $3×10^4 m^3/d$ 的 MBR 池，处理能力从 $16.5×10^4 m^3/d$ 扩容至 $18×10^4 m^3/d$，实现了基于传统活性污泥法处理工艺的提标改造。

参考文献

[1]　陈刚，姚远，王艾荣，等. 膜生物反应器与其他污水处理技术的集成工艺综述[J]. 净水技术，2016,35(3): 16-

21, 37.

[2]　王彬. MBR 膜处理工艺在大型污水处理厂中的应用[J]. 净水技术, 2016, 35(s1): 128-130.

[3]　黄霞, 肖康, 许颖, 等. 膜生物反应器污水处理技术在我国的工程应用现状[J]. 生物产业技术, 2015, 3: 9-14.

[4]　Xiao K, Xu Y, Liang S, et al. Engineering application of membrane bioreactor for wastewater treatment in China: current state and future prospect[J]. Frontiers of Environmental Science & Engineering, 2014, 8(6): 805-819.

本文已发表在《净水技术》2016, 35（4）: 11-15, 87

3.7　东阳市污水处理厂提标改造
——强化物化处理、后置反硝化生化处理、建造人工湿地

作者:马龙强[1]，陈涛[2]，李军[2]

作者单位:1. 浙江桃花源环保科技有限公司，杭州；2. 浙江工业大学环境学院，杭州

摘要:东阳市污水处理厂规模为 $6 \times 10^4 m^3/d$ ，主要承担主城区生活污水及服装工业园区内工业废水的处理，原处理设施执行《城镇污水处理厂污染物排放标准》一级 B 标准。该厂一期改水解池为混凝沉淀池和 A/O 池，改良 CAST 进水方式及泥水混合效果，改曝气生物滤池为反硝化滤池；二期增设混合絮凝池，改 DN/CN 滤池为 A^2/O 。在污水处理厂下游设置人工湿地公园，总面积约为 $1.5 \times 10^5 m^2$ ，包括生态氧化塘、砾石床、潜流湿地、表面流湿地、景观塘，目前出水主要水质指标优于地表水Ⅳ类水质标准。

关键词:污水处理厂；提标改造；人工湿地；后置反硝化；强化物化处理

3.7.1　基本概况和提标改造的必要性

3.7.1.1　基本概况

东阳市污水处理厂位于东阳经济开发区服装工业园区内，占地 $8.0 \times 10^4 m^2$ ，主要接收和处理主城区的生活污水及周围工业园区内的工业废水，处理规模为 $6 \times 10^4 m^3/d$ 。其中一期规模为 $4 \times 10^4 m^3/d$ ，主体工艺采用循环式活性污泥法（CAST 工艺）；二期主体工艺采用非曝气反硝化生物滤池/曝气除碳硝化生物滤池（DN/CN 生物滤池）。排放标准执行《城镇污水处理厂污染物排放标准》（GB 18918—2002）一级 B 标准，出水排入附近的东阳江。进水中生活污水约占一半，工业废水以纺织、印染、电镀等为主，其污水处理工艺流程如图 3.7.1 所示。2013 年 9 月进水水质实测主要指标:COD_{Cr} 为 $150 \sim 780 mg/L$ ， BOD_5 为 $70 \sim 190 mg/L$ ，SS 为 $85 \sim 140 mg/L$ ，TP 为 $0.8 \sim 1.5 mg/L$ ， NH_4^+-N 为 $15 \sim 27 mg/L$ 。

3.7.1.2　提标改造的必要性及存在问题

管网建设的滞后、进水中工业废水含量较高、水质严重超标等问题，使得现有工艺排放达标率较低[1]。由实际运行过程的长期监测数据可知，污水处理厂进水水质波动很大，特别是夜间瞬时排量较大，且雨天经常有大量地表污染物排入管网，对污水处理系统造成较大

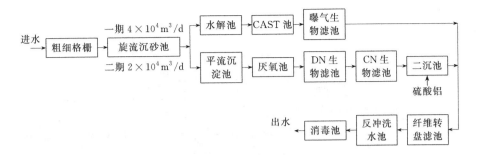

图 3.7.1 东阳市污水处理厂原工艺流程

冲击负荷,影响生物处理效果。一期工程无初沉池,进水中的大量无机砂对生化系统造成较大影响,水解酸化池效果不明显。除此之外,一期 CAST 池在实际运行中运行参数有待改进,存在碳源不足、混合不均、排泥不畅等问题,无法保证 TN 的稳定达标。二期沉淀池效果不佳,DN 生物滤池和 CN 生物滤池生化负荷过大且经常堵塞。这些问题使得出水水质不稳定,经常不能达标排放。

同时,随着国家城镇污水处理厂排放标准的不断提高,地方政府对环保要求越来越重视,为整治受纳水体钱塘江一级支流东阳江而对污水处理排放标准提出了主要水质指标达到地表水 V 类水体的更高要求,且需结合滨河区域的景观,实现处理水的资源化利用。

因此,该污水处理厂为稳定达到新的排水要求必须进行提标改造,减少排水对当地自然生态环境的冲击,同时满足当地社会经济发展和居民需求。

3.7.2 提标改造技术路线及实施

3.7.2.1 技术路线概述

为应对原水水质变化,特别是高工业废水比例、进水水质严重超标、可生化性较差、碳源不足、水解池效果小、主体工艺运行参数不合理、负荷过大等问题;同时,为尽量利用原有构筑物,减少投资,将一期水解酸化池改造为一期的混凝沉淀池和二期的 A/O 池,改造一期 CAST 池,同时将二期的 DN 生物滤池和 CN 生物滤池改造成一期的 DN 生物滤池,新建二期混合絮凝池。主要提高一期 TN、SS 和 TP 等的去除能力和二期生化负荷能力,并强化前段的物化处理、提升整个生化处理系统抗冲击负荷能力,使得污水处理厂出水能够稳定达到 GB 18918—2002 一级 A 标准。

另外,为消减污染物、改善东阳江水质、满足当地社会的景观需求、配合河道整治,在二级出水后新增生态氧化塘、砾石床、垂直流湿地、水平流湿地、表面流湿地、景观塘等生态处理工艺,进一步降低 TN、TP 和 SS。

综合考虑原工艺存在的主要问题、运行成本、管理难易等,该污水处理厂的提标改造工艺流程如图 3.7.2 所示。

3.7.2.2 原污水处理厂主体工艺的改造

(1) 对一期工艺的改造。一期水解池原为将进水中非溶解性有机物转变为溶解性有机

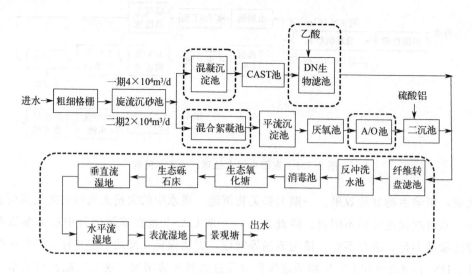

图 3.7.2　东阳市污水处理厂提标改造工艺流程

物,将难生物降解的有机物转变为易生物降解的有机物,提高废水的可生化性,以利于后续生化段的处理,是一种介于好氧和厌氧之间的处理方法[2]。但在实际运行中发现,由于进水中以印染废水为主的工业废水水量较大,水解水力停留时间约 10h,水解酸化池浓度梯度太低,难以达到预期的水解作用。且一期无初沉池,进水含有较高 SS 浓度,无机砂类物质对后续 CAST 池造成很大影响。因此,将水解池一部分改造为一期的混凝沉淀池(水力停留时间为 3.4h,有效水深为 6.3m),强化物化法去除非可溶性污染物及 SS,降低对 CAST 池的影响。

一期主体工艺为 CAST 工艺,是在 SBR 工艺的基础上增加了选择器及污泥回流设施,并对时序做了一些调整,从而大大提高了 SBR 工艺的可靠性及效率。与常规 SBR 工艺相比,其最大特点是将 SBR 池分为三个区。生物选择区具有防止污泥膨胀,并可有效去除有机物和脱氮除磷的功能,且能够改善污水的可生化性;兼氧区具有催化脱氮和除磷以及形成从厌氧区到好氧区过渡的作用;主曝气区是 CAST 池的主要反应区,具有有机物降解、硝化、除磷的功能。由于现状 CAST 池内的缺氧区无法有效控制溶解氧,好氧区内未设置搅拌器以混合硝化液和进水,无法有效进行 TN 的去除;同时采用单点排泥,排泥能力不足,造成污泥龄过长,影响处理效果。因此,需改变 CAST 池工艺参数、调整运行周期、增加反硝化段时间,新增搅拌机强化泥水混合以提高生化反应效率,改造排泥系统,在缺氧区和好氧区间隔墙凿孔,改变一端进水方式为池内多点进水等。为确保一期工艺对 TN 的去除,一般设置后置反硝化[3]。在改造中将原曝气生物滤池改为反硝化滤池(处理水量为 $4 \times 10^4 \mathrm{m}^3/\mathrm{d}$,滤料高度为 3m,有效水深为 4m,滤速为 1.77m/h,反硝化容积负荷为 $0.6 \mathrm{kgNO}_3^- \text{-N}/(\mathrm{m}^3 \cdot \mathrm{d})$,反冲洗气洗强度为 90m/h,反冲洗气洗时间为 20min,反冲洗水洗强度为 15m/h,反冲洗水洗时间为 25min),并在低温下添加外碳源(乙酸)以强化脱氮。

(2)对二期工艺的改造。二期平流式沉淀池在实际运行中效果不理想,对其主体工

DN/CN 滤池造成较大的冲击负荷，超过设计标准，因此新建混合絮凝池（混合区水力停留时间为 4min、絮凝区水力停留时间为 24min、聚铁投加量为 400～500mg/L、阴离子 PAM 投加量为 1～2mg/L、投加氢氧化钠控制 pH 值为 9～9.5），强化前段物化处理效果，去除非可溶性污染物及 SS。

二期主体工艺为 DN/CN 滤池，DN 滤池为反硝化滤池，主要进行反硝化脱氮及实现部分有机物降解，并截留污水中的 SS；CN 滤池主要对 NH_4^+-N 进行硝化，并吹脱 DN 滤池产生的氮气[4]。但原设计生化负荷较小，对进水要求 SS 低，这与现状进水水质差别较大，在实际运行中造成经常性堵塞、反冲洗频繁、处理效果差等问题。因此，在提标改造中放弃原 DN/CN 滤池而将原一期水解池一部分改造为二期的 A/O 池（水力停留时间为 14.3h），使得二期工艺在总体上形成 A^2/O，增加了生化负荷，提高了生化系统脱氮除磷的能力。

3.7.2.3 人工湿地

污水处理厂尾水进入占地约为 $1.5 \times 10^4 m^2$ 的湿地公园进行生态处理，处理规模为 $6 \times 10^4 m^3/d$，如图 3.7.3 所示。生态处理以生态氧化塘、砾石床、潜流湿地（潜流湿地包括垂直流、水平流湿地）、表面流湿地、景观塘等组成，如图 3.7.4 所示。

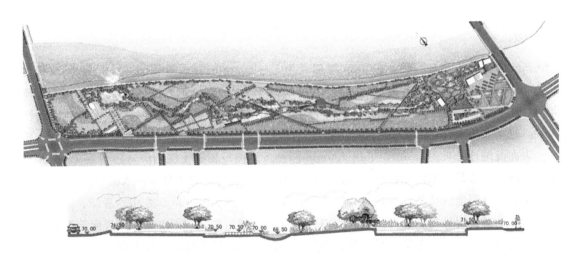

图 3.7.3　东阳江湿地平面和剖面图

生态氧化塘由 1 座 L 型池构成，总长为 150m，长段宽为 15m，短段宽为 49m，深为 4m，停留时间为 5.6h。进水在装有填料和种植水生植物并曝气的条件下，有机物和氨氮因进一步氧化和硝化而去除。砾石床长为 50m，宽为 15m，深为 2.5m，停留时间为 0.75h，起到进一步吸附、降解和过滤的作用。

垂直潜流湿地面积为 $4.5 \times 10^4 m^2$，水力负荷约为 $1.33m^3/(m^2 \cdot d)$，水力停留时间为 18h。水平潜流湿地面积为 $4.5 \times 10^4 m^2$，水力负荷约为 $1.33m^3/(m^2 \cdot d)$，水力停留时间为 14h。表面流湿地面积为 $1.2 \times 10^4 m^2$，水力负荷约 $5m^3/(m^2 \cdot d)$，水力停留时间为 7.2h。湿地总体有机负荷 BOD_5 约为 $3g/(m^2 \cdot d)$。

垂直潜流湿地从上到下的填料设置：200mm 厚粒径为 8～16mm 的覆盖层，800mm 厚

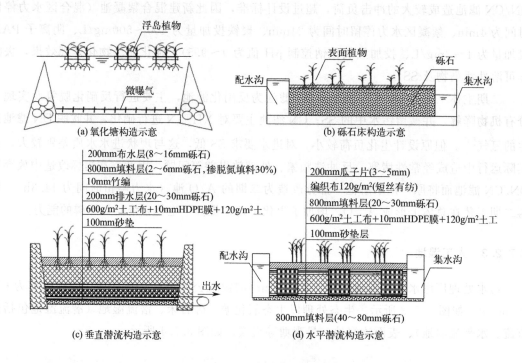

图 3.7.4　人工湿地构造示意

2~6mm 的粗砂和除氮填料，200mm 厚粒径为 5~10mm 的砾石过渡层，200mm 厚粒径为 20~30mm 的砾石排水层，最底层采用 100mm 细砂，平整后铺设土工布和 1.0mm HDPE 防渗。水平潜流湿地的填料设置：200mm 厚瓜子石覆盖层，800mm 厚 20~30mm 砾石的防渗层，进水和出水 2m 长度采用 40~80mm 的砾石。

表面流湿地总长为 870m，采用 300mm 厚黏土后铺设膨润土毯防渗，再覆盖 400mm 种植土。河道中心最深水深控制在 1.5m，两岸种植挺水植物，中心种植沉水植物。

垂直潜流湿地的植物选择芦竹、旱伞草、茭白、薏苡、纸莎草、香蒲、菖蒲、水葱、姜花等；水平潜流湿地植物选择水葱、茭白、姜花、香蒲、菖蒲、再力花等；表面流湿地植物选择美人蕉、芦苇、灯芯草、旱伞草、芦竹、千屈菜等，沉水植物选择苦草、范草等。现场如图 3.7.5 所示。

为防止湿地堵塞，采取以下措施：曝气充氧预处理以减少进水有机物浓度和胞外聚合物的积累；人工湿地采用轮休轮作方式，湿地使用 4~5 年将表层填料进行翻出清洗；适当采用微生物抑制剂或溶菌剂。

3.7.3　改造效果

该污水处理厂通过提标改造，一、二期主体工艺出水经过纤维滤池及紫外消毒后，水质可稳定达到 GB 18918—2002 一级 A 标准，如某月实测均值 COD_{Cr}≤30mg/L、BOD_5≤7mg/L、NH_4^+-N≤1.0mg/L、TN≤8.2mg/L、SS≤7mg/L、TP≤0.4mg/L，优于一级 A 标准。污水处理厂尾水通过人工湿地景观系统的处理后，出水主要指标 COD_{Cr}≤10mg/L、

(a) 砾石床（美人蕉、再力花等）　　　　(b) 垂直潜流(花叶芦狄、水葱等)

(c) 水平潜流(美人蕉、香根草等)　　　　(d)表面流(芦苇、旱伞草、芦竹等)

图 3.7.5　人工湿地现场图

$BOD_5 \leqslant 2.0mg/L$、$NH_4^+\text{-}N \leqslant 0.5mg/L$、$TN \leqslant 6.9mg/L$、$TP \leqslant 0.24mg/L$，其中 COD_{Cr}、BOD_5、$NH_4^+\text{-}N$ 达到地表水环境 II 类水质标准，TP 达到地表水环境 IV 类水质标准。除 TN 外，主要出水水质指标优于地表水环境 IV 类水质标准。

该污水处理厂主体提标改造投资约为 561 元/m^3，提标改造前后该污水处理厂运行电能单耗分别约为 $0.24kW \cdot h/t$ 和 $0.27kW \cdot h/t$。人工湿地及生态景观部分投资约为 2248 元/m^3，单位面积水力负荷约为 $0.4m^3/(m^2 \cdot d)$，估算运行管理费用约为 0.23 元/m^3。

参考文献

[1]　严冰. 东阳市城市污水处理厂运行中的问题与对策[J]. 环境工程, 2008, 26（1）: 90-92.

[2]　徐丹舟, 李晶, 赵晨光, 等. 水解酸化工艺的研究进展及应用[J]. 中国资源综合利用, 2010, 28(1): 53-55.

[3]　陶亚强, 李军, Chang Chein-Chi. Blue Plains 污水处理厂提标改造一后置反硝化、污泥热水解和深层隧道[J]. 净水技术, 2016, 35(1): 11-15.

[4]　陈涛, 李军, 陈潜, 等. 余杭污水处理厂提标改造一强化二级处理、深度过滤[J]. 净水技术, 2016, 35(2): 11-15.

本文已发表在《净水技术》2016，35（3）：11-15，30

3.8 余杭污水处理厂
——强化二级处理、深度改造

作者：陈涛[1]，李军[1]，陈潜[2]，徐忠华[2]，厉林聪[2]，卢贤飞[3]

作者单位：1. 浙江工业大学环境学院，杭州；2. 杭州余杭水务有限公司，杭州；3. 浙江省城乡规划设计研究院，杭州

摘要：余杭污水处理厂原主体工艺采用双沟式氧化沟，执行《城镇污水处理厂污染物排放标准》（GB/T 18918—2002）一级 B 标准。该厂通过前端季节性添加甲醇碳源和后端添加 PAC 絮凝剂强化二级处理，后续采用反硝化生物滤池和曝气生物滤池强化脱氮，并新增活性砂滤池去除磷和 SS，出水优于一级 A 标准。

关键词：城镇污水处理厂；提标改造；强化二级处理；深度过滤

3.8.1 基本概况和提标改造的必要性

3.8.1.1 基本概况

余杭污水处理厂位于杭州市余杭区余杭街道金星工业园区内，占地约 93.5 亩（1 亩＝666.67m^2），主要接收和处理余杭组团范围内的余杭街道、仓前街道、中泰街道、闲林街道、五常街道及西部四镇的工业和生活污水，污水主干管系统采用雨污分流制。一期工程主体工艺为交替工作式双沟式氧化沟（DE 氧化沟）工艺，规模为 $3×10^4 m^3/d$，排放执行《城镇污水处理厂污染物排放标准》（GB 18918—2002）一级 B 标准，出水排入附近的余杭塘河。进水中生活污水占 80% 以上，工业废水以电子、机械加工、食品加工、机电等为主。其污水处理工艺流程如图 3.8.1 所示，2008 年 6～7 月进水水质实测主要指标为：COD$_{Cr}$ 为 201～276mg/L，BOD$_5$ 为 154～170mg/L，SS 为 112～167mg/L，TP 为 1.4～2.6mg/L，NH$_4^+$-N 为 9～13mg/L。

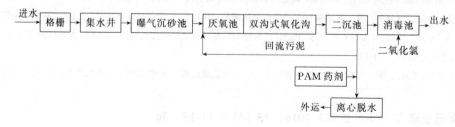

图 3.8.1　余杭污水处理厂原工艺流程

3.8.1.2　提标改造必要性及存在问题

该污水处理厂实测进水 BOD_5/N 为 1.9 左右，不利于二级处理生物脱氮，影响双沟式氧化沟的高效运行，出水不能稳定达标。原污水处理厂出水对排入河道的水体环境有较大的不利影响，该污水处理厂主观上即有提标改造的需求。同时，该厂所在余杭区作为太湖流域的一部分，国家对该流域城镇污水处理厂排放标准越来越严，对该污水处理厂提出了达到一级 A 标准的明确要求，并对相关污染物排放量的削减提出了具体指标，原有工艺的出水水质已不能满足要求。且由于淡水资源的紧张，当地政府提出了向城镇污水处理厂要水源的要求，中水回用的需求越来越大，该污水处理厂在提标改造的基础上进一步提出了中水回用计划。因此，结合主客观需求余杭污水处理厂必须进行提标改造工作，才能确保实现减排任务和水资源的进一步利用。

3.8.2　提标改造技术路线及实施

3.8.2.1　技术路线概述

一般来说，双沟式氧化沟工艺在设计的进水水质和合适的工况下可以做到脱氮除磷的高效运行[1]，但是由于进水水质的变化、碳源不足、工况条件不理想等因素，导致其在该污水处理厂运用中无法起到最佳效果，特别是低温（冬季太湖流域水温一般在 10～12℃）和低碳氮比的条件下，二沉池出水 TN、SS 等超标较大[2]。该污水处理厂曾针对这些问题对二级处理采取了前端季节性添加甲醇和后端添加 PAC（聚合氯化铝）絮凝剂等措施，取得了较好效果，污泥沉降性能得到了改善，TN、P、SS 等得到了较好的控制，二沉池出水除SS 外可以接近达到一级 A 标准。因此，在考虑到一期已采用该工艺、后续维保等因素，提标改造主体工艺仍选择该工艺并保留前述措施。为强化去除 TN、SS 等，考虑新增深度处理工艺。目前城镇污水处理厂深度处理较多采用混凝、沉淀、过滤为主的常规工艺，其作用主要是进一步去除 TP、SS、难降解有机物、重金属等，但对 TN 去除效果不佳。考虑到该污水处理厂二级出水主要为 TN、SS 等指标超标、二级处理水头损失较大等特点，并结合深度处理目前的应用现状和经济性，考虑新增反硝化滤池＋曝气生物滤池＋活性砂滤池为主的深度过滤工艺。同时在消毒池内按 $5000m^3/d$ 增设回用水系统，配合中水回用管网的建设，可针对工业园区内工业企业需求、污水处理厂自身用水、市政道路喷洒和绿化浇灌进行输配。综合考虑原工艺存在的主要问题和运行成本等，该污水处理厂的提标改造工艺流程如图 3.8.2 所示。

3.8.2.2　双沟式氧化沟的改进

双沟式氧化沟的生物脱氮功能是通过其交替运行的特殊方式完成的。其脱氮过程分为 2个阶段，具体如图 3.8.3 所示。A 阶段，由沟 1 进入氧化沟，并经沟 2 出水进入二沉池。A阶段时，沟 1 转刷缓慢搅拌，使沟 1 形成缺氧环境，有利于反硝化菌繁殖，进行反硝化；沟2 转刷快速搅拌，使沟 2 形成好氧环境，有利于硝化反应的进行。在 B 阶段时，氧化沟进水

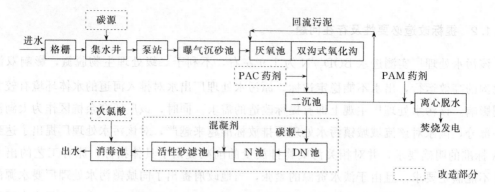

图 3.8.2　余杭污水处理厂提标改造工艺流程

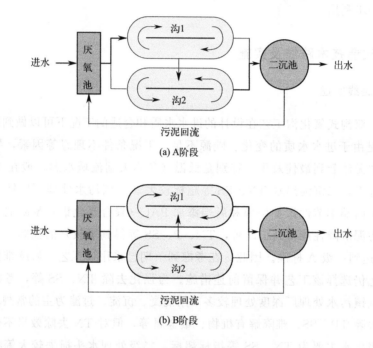

图 3.8.3　余杭污水处理厂提标改造工艺流程

与出水及转刷转速情况恰好相反。污水由沟 2 进入氧化沟，经沟 1 出水；沟 2 转刷缓慢搅拌，沟 1 转刷快速搅拌，使沟 2 形成缺氧环境，沟 1 形成好氧环境。沟 1、沟 2 硝化及反硝化过程交替进行，一个周期循环时间约为 16h。双沟式氧化沟的除磷功能是通过聚磷菌在厌氧状态下将体内聚合磷以磷酸根的形式释放到水中，在其后的缺氧和好氧环境下聚磷菌又通过呼吸作用将污水中的磷酸根以聚合磷的形式储存于体内[3]。

双沟式氧化沟的主要优点是不设初沉池，没有混合液回流，流程简单；前端厌氧池可提高进水的可生化性；采用机械曝气设备，维修简单；操作灵活，可调节运行程序以适应不同水质、水量要求。其主要缺点是设备利用率低，机械曝气设备装机容量较高。

提标改造中对其采取了相应的改良措施：由于进水碳源不足导致脱氮功能的降低，特别是低温的 11 月、12 月、1 月、2 月和 3 月期间，生物活性的降低导致脱氮性能下降，改造中在双沟式氧化沟前端集水井中添加了甲醇碳源，向原水投加 5mg/L 左右甲醇，提高原水中的 C/N，以强化 TN 在二级处理中的去除；同时，在双沟式氧化出水端的配水井中投加 5mg/L 左右聚合氯化铝（PAC）絮凝剂，以强化除磷效果，并提升污泥的沉降性能，使二沉池出水 SS 在 10～20mg/L 左右、减少后续滤池的堵塞现象，有利于后续生物滤池的运行维护。该强化措施可以对 COD、BOD_5、NH_4^+-N、TN、SS、TP 等起到强化去除作用。

双沟式氧化沟的具体改造主要参数如下：新增规模为 $1.5 \times 10^4 m^3/d$，有效容积为 $9600m^3$；水力停留时间为 15.36h，在好氧段控制溶解氧约为 2.5mg/L，在厌氧段控制溶解氧约为 1.0mg/L。

3.8.2.3 新增深度过滤设施

曝气生物滤池由反硝化生物滤池（DN 池）和硝化生物滤池（N 池）组成，均采用轻质陶粒作为载体填料，其主要作用是去除 TN，并进一步降低其他有机污染物浓度。DN 池的功能是在缺氧环境下，利用反硝化细菌以降解有机物作为电子供体、硝态氮作为电子受体，进行反硝化脱氮，同时降解污水中的部分有机污染物[4]。N 池的功能是对污水中的氨氮在有氧条件下，通过硝化细菌的作用转化成硝酸盐或亚硝酸盐，并截留污水中的悬浮物、吹脱水中氮气。二沉池出水首先进入 DN 池，与 N 池回流液进行混合，由于二沉池出水中可生化利用的有机物较少，而反硝化过程需要消耗有机物，因此需要根据二沉池出水水质适当补充部分碳源，同时保证生物滤池中生物膜的生长。

深度过滤具体改造主要参数为：新建生物滤池规模为 $6 \times 10^4 m^3/d$，其中 DN 池（反硝化滤池）4 个，N 池（硝化滤池）6 个；填料为球形轻质多孔生物陶粒，其表面主要是一些开孔大于 $0.5\mu m$ 的孔洞，填料厚度为 4m，其中 DN 池、N 池陶粒粒径分别为 4～6mm、3～5mm，支撑滤料采用鹅卵石；配水采用专用的防堵长柄滤头，曝气器采用单孔膜空气扩散器；N 池溶解氧控制在 4～6mg/L，温度控制在 15～35℃，pH 值应控制在 7.0～8.5，24～48h 水反冲洗一次，气洗强度为 $15L/(m^2 \cdot s)$，气洗时间为 4min，水洗强度为 $5.0～8.5L/(m^2 \cdot s)$，气洗时间为 4min，气水联合反洗时间为 4～6min，水漂洗的时间为 6～8min，冲洗时间 15～20min；DN 池反洗周期为 12～24h，反冲洗与 N 池相似；设计添加 3.5mg/L 甲醇碳源，实际运行中根据季节和水质进行添加。

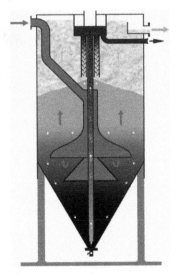

活性砂滤池是一个连续的过滤系统，其特殊的内部结构及其自身运行特点，使得混凝、澄清、过滤在同一个池体内可全部完成，运行中无需停机反冲洗，水流自下而上通过砂床砂子在清洗槽中清洗，悬浮固体物随清洗水排出[5]，运行图如图 3.8.4 所示。

图 3.8.4 活性砂滤池运行示意

与常规砂过滤工艺相比，活性砂滤池可节省 30%～40% 的化学药剂；可节省 70% 的设备空间；深层过滤，滤床深度可达 2000mm；滤床压头损失小，一般只有 0.5m；采用单一均质滤料，无需级配层；滤料被连续清洗，过滤效果好，无初滤液问题；抗污染物负荷冲击能力强，出水水质稳定。但实际采用也存在着砂粒堵塞气管、气提强度很难随进水水质定量核定、维修复杂、设备主要为进口而投资较大等问题，一般适用于小型污水处理厂。活性砂滤池的作用主要是一步降低 SS，通过砂粒表面的活性生物膜进一步去除有机物和 TN，并配以辅助添加药剂去除 TP。

活性砂滤池具体改造主要参数为：新建活性砂滤池规模为 $6 \times 10^4 m^3/d$，洗砂器 56 个，滤料采用石英砂（密度为 $2650kg/m^3$），有效滤床厚度为 2m，上流速度为 15m/h，有效过滤时间为 8min。

3.8.3　改造效果

该厂通过添加碳源和 PAC 药剂等强化二级处理措施，新增生物滤池和活性砂滤池等深度过滤措施；同时增加全程除臭装置、对新增工艺采用自动化控制运行系统、消毒剂由二氧化氯改为更安全的次氯酸、污泥处置采取外运焚烧发电等，提标改造后出水稳定并优于 GB 18918—2002 一级 A 标准，实际平面布置图如图 3.8.5 所示。

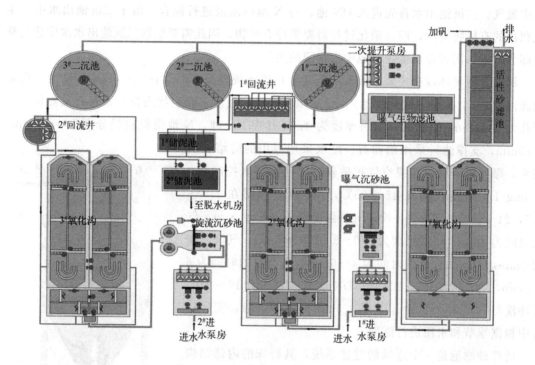

图 3.8.5　余杭污水处理厂平面布置图

该污水处理厂 2015 年处理水量为 $1448 \times 10^4 m^3$，出水污染物月指标平均值基本控制在以下水平：$COD_{Cr} \leqslant 11.4mg/L$，$BOD_5 \leqslant 3.41mg/L$，$SS \leqslant 6.05mg/L$，$TP \leqslant 0.22mg/L$，$NH_4^+$-$N \leqslant 0.27mg/L$，$TN \leqslant 9.16mg/L$，出水主要指标满足《城市污水再生利用　城市杂用水水质》（GB/T 18920—2002）、《城市污水再生利用　绿地灌溉水质》（GB/T 25499—2010）

等再生利用标准。出水排入附近余杭塘河，减小了对当地生态环境的冲击。

实际运行中，根据进水水质情况，若在前端添加碳源与药剂等措施可使得双沟式氧化沟达到最佳运行效果，二沉池出水可接近或达到 GB 18918—2002 一级 A 标准，则后续深度处理可作适当简化运行，以节约电能、药剂等运行成本。

该厂提标改造当年概算投资强度约为 4213 元/t。提标改造前后该厂运行电能单耗分别约为 $0.237kW \cdot h/t$ 和 $0.45kW \cdot h/t$。

3.8.4　结语

余杭污水处理厂通过对原 DE 氧化沟的强化和新增以生物滤池、活性砂滤池为主的工艺改造，并配以自控系统改造，满足了新环境标准的要求，实现了水质达标、废物资源化等方面的目标。

参考文献

[1]　李梅，于军亭，孟德良. 氧化沟技术在城市污水处理厂中的应用[J]. 水处理技术，2007，33（1）：92-94.

[2]　刘科军. 太湖流域城镇污水厂提标改造工艺的比较和选择[J]. 净水技术，2013，32（1）：48-51.

[3]　马挺，厉林聪，杨硕果. 强化双沟式氧化沟碳氮磷的去除[J]. 环境污染与防治，2015，37（7）：1-7.

[4]　沈晓铃，李大成，蒋岚岚，等. 深床反硝化滤池在污水厂提标扩建工程中的应用[J]. 中国给水排水，2010，26（4）：32-34.

[5]　陈志平，杨健雄，张甜甜，等. 活性砂滤池在污水处理厂深度处理中的应用[J]. 中国给水排水，2014，30（20）：127-129.

本文已发表在《净水技术》2016，35（2）：11-15

3.9 Blue Plains 污水处理厂提标改造
——后置反硝化、污泥热水解和深层隧道

作者：陶亚强[1]，李军[1,2]，Chang Cheinchi[3]

作者单位：1. 浙江工业大学建筑工程学院，杭州；2. 浙江工业大学环境学院，杭州；3. DC Water and Sewer Authority，Washington DC，USA

摘要：根据美国环保署（EPA）和地方环境保护的要求，美国华盛顿特区 Blue Plains 污水处理厂采用增加后置反硝化、污泥热水解和雨污合流深层隧道建造等方式实现提标改造。污水处理排放 TN 达到 4mg/L 以下要求，污泥实现热电联产并提高泥质至 Class A，合流制雨污水的收集率进一步提高。

关键词：污水处理厂；提标改造；反硝化；热水解；深层隧道

3.9.1 基本概况和提标改造的必要性

3.9.1.1 基本概况

美国 Blue Plains 污水处理厂位于美国华盛顿哥伦比亚特区（D.C.），主要接收和处理生活污水和雨水，布局如图 3.9.1 所示。1938 年，BluePlains 污水处理厂作为初级处理设施建成，采用一级处理工艺，服务人口 65 万，处理能力不足 $38\times10^4\,m^3/d$。1959 年，Blue Plains 污水处理厂二级处理设施建成，服务人口快速增长，处理能力为 $9.1\times10^5\,m^3/d$。1983 年，随着深度处理设施的建成，处理能力达到 $114\times10^4\,m^3/d$。随着环境要求的提高，其处理能力和工艺得到不断改进和扩展。目前，Blue Plains 污水处理厂平均处理能力达到 $140\times10^4\,m^3/d$，峰值达到 $407\times10^4\,m^3/d$，总占地为 $0.61km^2$。由华盛顿特区水务局（DC Watert）和下水道管理局（Sewer Authority）建设运行管理。

3.9.1.2 提标改造必要性及存在问题

由于 Blue Plains 污水处理厂需要满足由美国环保署（EPA）签署的出水 TN 含量降低至 4.7×10^6 lb/a（折合 2.13×10^6 kg/a）的排放要求，按平均处理量 $140\times10^4\,m^3/d$ 计算，出水 TN 应低于 4.14mg/L，而现有工艺出水 TN 约为 7.5mg/L。为保证 Potomac 河的水质安全，污水处理工艺必须进行提标改造。

图 3.9.1　Blue Plains 污水厂处理厂卫星图

提标改造前该污水处理厂采用处理工艺主要包括：格栅、沉砂池、初沉池、一级曝气池（高有机负荷）、二沉池、二级曝气池（硝化池）、三沉池、多介质滤池和消毒处理，出水排放至 Potomac 河。

结合分析提标要求和原有工艺，存在的主要问题有：（1）该工艺缺少反硝化脱氮阶段，污水处理过程中 TN 的去除能力有限，TN 达不到向 Chesapeake 海湾排放协议的要求[1]；（2）用传统石灰法处理产生的美国 B 级污泥（Class B）[2]（见附录），污泥体积较大，质量不够高，资源回收利用价值有限[3]；（3）在许多老城区，大概三分之一的污水管网收集系统仍采用雨污合流制，暴雨季节难以满足输水流量，污水会溢流进入附近水体，导致污染。

3.9.2　提标改造技术路线及实施

3.9.2.1　污水处理工艺的改造

根据工艺存在的主要问题，改造后的污水处理厂工艺流程如图 3.9.2 所示，改造的主要单元见虚线方框所示。改造后的各单元组成为：格栅、曝气沉砂池、初沉池、一级曝气池、二沉池、硝化/反硝化活性污泥系统、三沉池、多介质滤池和消毒处理。

硝化/反硝化系统工艺流程如图 3.9.3 所示，在原有硝化池的后端，增加反硝化段，形成硝化/反硝化活性污泥系统，实现对 TN 的去除。二沉池污水进入硝化/反硝化池，每组反应器有 5 格，每格均配有搅拌装置，第 1、第 2 和第 3 格保持曝气进行硝化反应，第 4 和第 5 格仅搅拌，处于缺氧状态，发生反硝化反应，其中在第 4 格投加甲醇作为反硝化碳源，投加量根据原水水质和季节等因素进行控制。反硝化后的混合液进入三沉池泥水分离，出水进入到多介质滤池进行过滤，滤后水经次氯酸钠消毒处理，余氯在出水排放之前用亚硫酸氢钠去除。

为进一步提高污水处理效率并提高出水水质，该污水处理厂目前正在计划将厌氧氨氧化技术（Anammox）应用到主流工艺中。

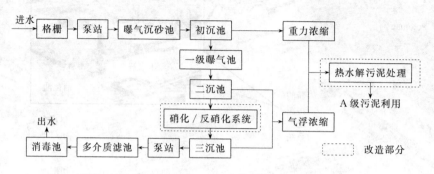

图 3.9.2 Blue Plains 污水处理厂提标改造工艺流程

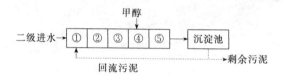

图 3.9.3 硝化/反硝化池工艺

注：①②③为好氧池，④⑤为缺氧池

3.9.2.2 污泥处理工艺改造

为减少残余污泥产量，提高剩余污泥质量以达到 Class A（见附录），并提升资源回收利用率，使污泥处理系统实现综合供热供电，污泥处理工艺也需要进行改造。

Blue Plains 污水处理厂对浓缩后的污泥进行热水解处理，成为北美第一个采用污泥热水解的污水处理厂，在当时成为世界上最大的污泥热水解装置，其处理工艺如图 3.9.4 所示。在污水处理过程中，从初沉池排出的污泥进行重力浓缩，来自二级处理和硝化/反硝化系统的污泥进行气浮浓缩。污泥混合后经过筛选作用，筛选尺寸 5mm，其目的是减少热水解组件的磨损，降低压力容器失效的风险，延长泵的使用寿命。随后对污泥进行预脱水，该过程使用离心机脱水至污泥含量 15%～18%，预脱水后污泥送至热水解处理装置。

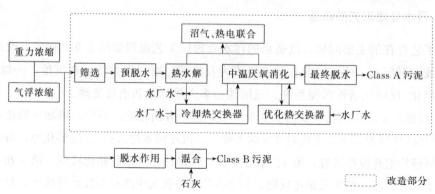

图 3.9.4 提标改造后污泥处理工艺

热水解处理过程中，首先是在碎浆机中加热经预脱水后的污泥；然后向 6 组反应器中注入蒸汽加热到 $310 \sim 335 ℉$（$154 \sim 168℃$），满足 EPA 规定的 Class A 污泥要求，即 $300℉$（$148.8℃$）温度下维持 20min；最后释放闪蒸罐压力，蒸汽压力骤降，污泥黏性降低。

经热水解后的污泥，用污水厂出水冷却至 $82 \sim 85℃$ 之后进入 4 个 $1.4 \times 10^4 m^3$ 的厌氧消化器中温消化。消化后的污泥进行最终脱水，产生符合 Class A 标准的污泥，Class A 污泥体积较小，质量较好，作为土壤肥料用于城市的公园、花园和绿色基础设施，可增加林木产量，给农田提供养分，污泥质量的提高使 DC Water 的污泥适合作为有机肥或营养土进行商业销售。并且在处理过程中产生的沼气可以实现综合产电供热，投运以来，该系统热电联产的能量累计已达 13MW，全部回用于该厂的运行，节约了上百万美元的运营成本，能源得到进一步回收利用。

3.9.2.3　污水雨水收集管道建设改造

为减少合流制管网溢出水对水体的污染，实现对过去溢流量 98% 的收集率，管网收集系统需要进行改造。

在华盛顿哥伦比亚特区，合流制管道溢出水进入 Anacostia 河、Potomac 河和 Rock Creek 的污水量达到 $9.46 \times 10^6 t/a$，这些水中含有大量微生物和有害物质，影响着水环境的安全。通过对已有管网的改造，已实现溢流污水减少 40%，但为了实现 98% 的收集率，DC Water 河流清洁工程将建造几个地下深层隧道。这些隧道以混凝土衬砌，平时处于干燥状态。暴雨期间，这些深隧能储存过量的雨污水，暴雨过后，这些深层隧道又能将雨污水缓缓释放到 Blue Plains 污水处理厂进行处理，很好地起到了雨水调蓄作用。

目前，已有几个深隧项目正在建设中，最大的深层隧道系统位于 Anacostia 河和 Potomac 河 100ft（30m）深处，长 4mile（6.4km），直径 23ft（7m）。该段深层隧道于 2015 年建成，将污水运送至 Blue Plans 污水厂经处理后，排放至 Potomac 河，是 DC Water 清洁河流项目的一个重要里程碑。另外，Nannie 段隧道计划 2018 年完成，该地区更长远的计划包括沿 Potomac 河和 Rock Creek 段深层隧道，计划在 2025 年完工。

3.9.3　改造效果

污水处理通过增加反硝化工艺，出水已符合当地污水处理排放要求。年平均值基本控制在以下水平：$BOD_5 \leqslant 5.0mg/L$，$SS \leqslant 7.0mg/L$，$TP \leqslant 0.18mg/L$，$NH_4^+ \text{-} N \leqslant 1.0mg/L$，$TN \leqslant 4mg/L$，最低溶解氧 $= 5.0mg/L$，总余氯 $\leqslant 0.02mg/L$，$pH = 6.0 \sim 8.5$，大肠杆菌 $\leqslant 200$ 个/100mL。

污泥经过热水解作用，具有更高的消化能力[4]，传统工艺消化能力为 $4\% \sim 6\%$，热水解后的污泥消化能力为 $9\% \sim 12\%$；传统的挥发性固体负荷为 $150 \sim 250lb/1000ft^3$（折合 $2.4 \sim 4kg/m^3$），热水解工艺挥发性固体负荷为 $380 \sim 550lb/1000ft^3$（折合 $6.1 \sim 8.8kg/m^3$）；传统甲烷产量 $60\% \sim 65\%$，热水解后甲烷产量 $62\% \sim 68\%$。热水解之后的污泥，生物降解速率更高，挥发性固体去除率达 $55\% \sim 59\%$，消化器压力比传统高 50%。热水解和厌氧消化产生的能源能提供 13MW 电力，能够降低该污水处理厂三分之一的碳排放。

合流制管道的截污深层隧道逐步建成后，可有效减少污水进入到附近河流。DC Water 正在提议绿色基础设施建设（Green Infrastructure, GI）。GI 系统包含树木、树框、雨水桶、多孔渗水铺路材料和雨水园林等，缓存足够多的雨水使隧道最小化，有利于降低投资。

3.9.4　结语

Blue Plains 污水处理厂通过对污水处理、污泥处理和雨污收集系统的提标改造，满足了环境提出的新要求，实现了水质达标、污泥资源化、雨水收集缓存和处理的目标，是城镇污水处理厂提标改造的一个经典案例。

[附录]

美国联邦法律（40CFR Part 503）中针对生物污泥的利用和处置有明确的规定，并以 Class A 和 Class B 的级别加以区分。

Class A 和 Class B 污泥必须分别达到 Part 503 中关于重金属含量、病原体去除、载体（蚊蝇和啮齿动物）吸引等方面不同的限值水平，方可不受限制或部分受限地在草坪和花园中利用。但在达到 Part 503 限定的条件情况下，均可用于农用、森林、公共接触土地、土地复垦等。

在美国，Class A 是污泥处理的首选，Part 503 推荐的几种工艺包括 55℃以上堆肥 3～15d；超过 80℃或将含水率减少到 10%以下的热干化；在 180℃条件下停留 30min 的热处理；55～60℃且 SRT＝10d 的高温好氧消化；1 兆拉德的 β 射线室温照射；钴-60 或铯-137 室温照射的 γ 射线；维持 70℃以上且停留时间 30min 以上的巴氏杀菌等。

参考文献

[1] Bailey W, Tesfaye A, Dakita J, et al. Large-scale nitrogen removal demonstrationat the Blue Plains Wastewater Treatment Plant using post-denitrification with methanol[J]. Water Science and Technology, 1998, 38(1): 79-86.

[2] 王燕枫，钱春龙. 美国污泥管理体系风险评价方法[J]. 环境科学研究, 2008, 32(1): 224-228.

[3] Sahakij P, Gabriel S, Ramirez M, et al. Multi-objective optimization modelsfor distributing biosolidsto reuse fields: A case study for the blue plains wastewater treatment plant[J]. Networks sand Spatial Economics, 2011, 11(1): 1-22.

[4] 唐霞，肖先念，李碧清，等. 高温热水解预处理技术用于污泥减量化及资源化的应用[J]. 净水技术, 2015, 34(3): 95-97.

本文已发表在《净水技术》2016, 35 (1): 11-15

3.10 Garmerwolde 污水处理厂提标改造
——新增好氧颗粒污泥系统、旁侧流 SHARON

作者：陈涛[1]，Helen X. Littleton（门晓欣）[2]，李军[1]，M. C. M. van Loosdrecht[3]，Mario Pronk[3]

作者单位：1. 浙江工业大学环境学院，杭州；2. LX Environmental L. L. C.，Richboro，PA 18954，USA；3. Department of Biotechnology，Delft University of Technology，Delft 2601，the Netherlands

摘要：Garmerwolde 污水处理厂原主体工艺采用 AB 法。为应对不断增加的污水量和更加严格的排放标准，该厂进行了提标改造。2005 年主要通过增加旁侧 SHARON（2400kgN/d）以解决污泥消化液处理问题，氨氮去除率 95% 以上，达到硝化阶段节约能耗 25%、反硝化阶段节约外加碳源 40%，减少 50% 的污泥产量。2013 年新增独立运行的 SBR 好氧颗粒污泥系统（Nereda[®]），增加产能 $2.86 \times 10^4 m^3/d$，好氧污泥颗粒化后 60% 颗粒 >1mm、生物量可稳定达到 8g/L 以上、SVI_5 值稳定在 45mL/g 左右，出水 TN=7mg/L，TP=1mg/L，比传统活性污泥系统能耗降低 58%～63%、占地减少 33%、运行费用节省 50%。

关键词：城镇污水处理厂；提标改造；好氧颗粒污泥；SHARON；Nereda[®]

3.10.1 基本概况和提标改造的必要性

3.10.1.1 基本概况

Garmerwolde 污水处理厂位于荷兰北部的格罗宁根市东北，规模约为 $7.4 \times 10^4 m^3/d$（$2700 \times 10^4 m^3/a$，约 23.5 万人口当量），污水来源主要为市政污水。原工程主体采用 AB 法（如图 3.10.1 所示），活性污泥池有效容积为 24800m³，沉淀池有效容积为 24800m³。原工艺设计排放标准：TN=12mg/L、TP=1mg/L，出水排入附近河道。污泥消化产生的沼气每年提供 0.8MW 电力。

3.10.1.2 提标改造必要性及存在问题

随着当地社会经济的发展，现有污水处理厂的处理规模已经不能满足需求，导致现有污水处理设施负荷过大。该厂处理效率无法提升使得出水不能达到要求，特别是出水 TN 超标。据统计，该厂污泥脱水、浓缩等处置环节回流液提供了该厂氮负荷总量的大约 34%，这大大提高了处理工艺的脱氮难度，使得总氮控制目标的达成更加困难。

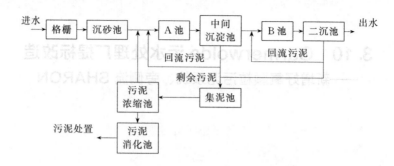

图 3.10.1　Garmerwolde 污水处理厂原工艺流程

为应对不断增长的污水排放量，必须新建污水处理设施，解决污泥消化液高浓度含氮废水回流产生的冲击影响问题。由于土地资源的有限和经济效益的考虑，在提标改造中特别需要考虑经济、高效、运行稳定、节约土地。

3.10.2　提标改造技术路线及实施

3.10.2.1　技术路线概述

AB 法是吸附生物降解工艺的简称，主要特征是：A 段在高负荷（一般为普通活性污泥法的 $50 \sim 100$ 倍）和较短的水力停留时间（$30 \sim 40 \mathrm{min}$）下，利用世代周期较短的原核细菌（泥龄 $0.3 \sim 0.5 \mathrm{d}$）去除大量有机物，产泥量约占总系统的 80%；B 段在低负荷（一般 $<0.15 \mathrm{kgBOD_5/kgMLSS}$）和 $2 \sim 5 \mathrm{h}$ 的水力停留时间下，利用较长泥龄（一般为 $15 \sim 20 \mathrm{d}$）条件的长世代周期微生物去除剩余有机物；由于 A 段的生物量对水质、水量、pH 值、有毒有害物质的冲击负荷具有良好的缓冲，A 段和 B 段具有独立的污泥回流系统[1]。由于 AB 法的工艺特点，具有有机物去除率高、系统运行稳定、抗冲击负荷能力强、良好的脱氮除磷效果以及节能等优点，但 A 段易产生硫化氢、大粪素等恶臭物质影响周边环境，A 段有机物去除过多导致 B 段进水碳氮比偏低而影响脱氮，污泥产量过高造成后续污泥处置难度加大。

针对该厂原工艺存在的问题，在旁侧流增加强化短程硝化反硝化（SHARON，single reactor highactivity ammonia removal over nitrite）反应器来处理污泥消化液[2]，以减轻主处理工艺的氮负荷，达到新的更加严格的排放标准；另新增处理规模为 $2.86 \times 10^4 \mathrm{m^3/d}$（占改造后总处理量的 41%，约 14 万人口当量）的好氧颗粒污泥处理系统来消纳新增污水量[3]。该污水处理厂的提标改造工艺流程如图 3.10.2 所示。新建好氧颗粒污泥工艺的设计出水标准为 $\mathrm{COD_{Cr}} = 125 \mathrm{mg/L}$，$\mathrm{BOD_5} = 20 \mathrm{mg/L}$，$\mathrm{TN} = 7 \mathrm{mg/L}$，$\mathrm{TP} = 1 \mathrm{mg/L}$，$\mathrm{SS} = 30 \mathrm{mg/L}$。

3.10.2.2　短程硝化反硝化系统

SHARON 工艺是一种用来处理高浓度、低碳氮比含氨废水的脱氮工艺，通过控制反应

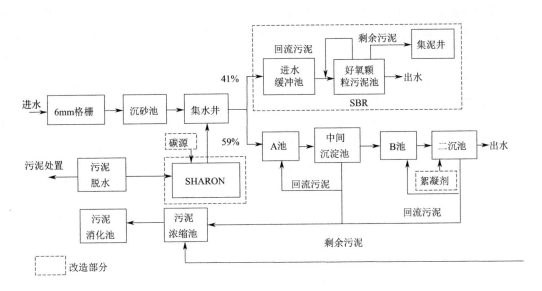

图 3.10.2　Garmerwolde 污水处理厂提标改造工艺流程

器水力停留时间、消化液温度和 pH 值等，在有氧条件下利用优势的亚硝化细菌迅速将氨氮转化为亚硝酸盐，然后在缺氧条件下，以有机物为电子供体将亚硝酸盐反硝化生成氮气。具有工艺流程简单、脱氮速度快、投资和运行费用低等优点[4]。

　　该污水处理厂的 SHARON 系统设计规模为 3200m³/d，设计负荷为 2400kgN/d，反应器由两个主反应池组成，有效容积为 4900m³（单体容积为 2450m³），以序批式反应器方式进行，分进水、反应、沉淀、排水等过程，水力停留时间为 1.4～1.5d，进水 NH_4^+-N 浓度为 700～800mg/L，COD 来源考虑为污泥干化浓缩液、工业废物、甲醇等，出水进入集水井。

　　该系统于 2005 年运行，后期试验了 Mark van Loosdrecht 教授研发的 BABE® （biological augmentation batch enhanced，生物富集间歇强化）技术，有效解决了主处理工艺与旁侧流工艺之间细菌差异性大、菌种单一等问题，取得了提高旁侧流短程硝化反硝化效果、强化主处理工艺硝化能力等成效。

3.10.2.3　好氧颗粒污泥系统（Nereda®）

　　好氧颗粒污泥技术作为近几十年来新开发的污水处理技术，通过微生物的自凝聚作用使得好氧污泥颗粒化，使絮状活性污泥成为颗粒状。与普通活性污泥相比具有不易发生污泥膨胀、污泥含量高（可达到 10g/L）、沉降性能好、抗冲击负荷能力强、抗有毒有害物质侵扰、容积负荷率高、节地节能等特点[5]。经过近几十年的实验室和中试研究，在工业污水处理领域已经有较成熟的应用，近年已经在非洲、欧洲多地城镇污水处理厂开始了应用。

　　新建的好氧颗粒污泥系统独立平行于原有的 AB 法主处理工艺，由 Royal Haskoning DHV 公司设计，采用其 Nereda® 技术，该技术以 SBR 方式运行，一个典型运行周期如图 3.10.3 所示。主要原理为：总体上，通过控制沉淀时间、进水时间、进水流速等，在反应器中形成并控制选择压，以促进好氧颗粒污泥的形成、生长和稳定；厌氧进水条件下，从反应器底部进水，同时出水由反应器上部溢流堰溢出，易生物降解 COD 在颗粒床中被聚糖菌（GAO）和聚磷菌（PAO）于体内迅速吸收储存为聚糖类（PHA）等高分子聚合物，使得一般异养菌在厌氧条件下因得不到氧而无法生长，同时聚磷菌释放正磷酸盐并强化聚磷菌，使其在颗粒污泥中成为优势菌种；进水阶段结束后，反应器进入曝气阶段，由于大部分易降解碳源已被吸收，一般异养菌得不到碳源仍无法生长，而在厌氧阶段储存有 PHA 的菌种得到较好生长，硝化菌在颗粒污泥表面进行氨氮的氧化，颗粒污泥粒径所造成的溶解氧浓度梯度、传质机制、结构特征等造成了局部的缺氧环境而产生同步硝化反硝化，同时厌氧条件下释放的正磷酸盐在好氧条件下被聚磷菌大量摄取，聚磷菌等之前摄取储存的 PHA 碳源在曝气阶段被缓释，为各类反应提供部分碳源，从而使反硝化菌、硝化菌、聚磷菌等菌种协同工作，实现在反应器中同步去除 COD、N 和 P；曝气结束后，反应器进入沉淀阶段，被各菌种利用的 COD、N、P 等，部分以细菌本体的形式随颗粒污泥的增长或以矿化物的形式积留在颗粒污泥内部而被留在反应器内，部分在出水时以剩余污泥的形式被排出反应器。

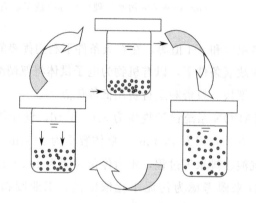

图 3.10.3　典型 Nereda® 反应器运行周期

　　Garmerwolde 污水处理厂的好氧颗粒污泥系统主要由两组 SBR 系统（圆形主体单体直径为 41m、高为 7.5m、有效容积为 9600m³）和一个进水缓冲池（用于缓存暴雨期间污水量，有效容积为 4000m³）组成，利用在线监控系统进行运行控制，于 2013 年开始运行，旱季最大流量为 4200m³/h。SBR 实际运行一个周期时间（亦可以根据进水水质、产泥率、出水要求、颗粒污泥培养选择压等动态调整）：旱季，进水（同时出水）为 1h、曝气为 5h、沉淀为 15～30min；雨季，进水（同时出水）为 1.5h、曝气为 1h、沉淀为 15～30min。两组 SBR 系统交替运行以保证连续处理，设计进水时间通常为 0.5～1.5h，流速为 2～10m/h，相关运行参数如表 3.10.1 所列。实际运行操作控制要点为：进水上升流速控制为 3～3.3m/h；通过在水面以下 0.5m 处（刚刚在出水堰以下）的磷酸盐浓度来实时控制短流，当磷酸盐浓度达到设计限定值后立刻停止进水；有效体积交换率受到进水推流模式影响，经验值为 65%，而在旱季为 30%～40%；曝气阶段 DO 浓度控制在 1.9mg/L，当氨氮降低到设定值后减小曝气量以强化反硝化速率；当总氮和总磷均达到要求后进入下一个周期。

表 3.10.1　好氧颗粒污泥系统相关运行参数

参数	单位	值	参数	单位	值
污泥龄(SRT)	d^{-1}	20～38	最大回流率	—	0.3
干重	kg/m^3	6.5～8.5	Fe(Ⅲ)/P[④]	—	0.18
灰分含量	%	25	单位体积磷摄取率[②]	$kgP/(m^3 \cdot d)$	0.011
总污泥负荷[①]	$kgCOD/(kgTSS \cdot d)$	0.10	最大单位体积磷摄取率[③]	$kgP/(m^3 \cdot d)$	0.24
污泥生物负荷[②]	$kgCOD/(kgTSS \cdot d)$	0.12	单位体积氮摄取率[②]	$kgN/(m^3 \cdot d)$	0.058
污泥产量	kg/d	390	最大单位体积氮摄取率[③]	$kgN/(m^3 \cdot d)$	0.17
水力停留时间	h^{-1}	17	能量	$kW \cdot h/(m^3 \cdot y)$	0.17
体积负荷	$m^3/(m^3 \cdot d)$	1.45	能量	$kW \cdot h/kgN$	3.6
总氮负荷	$kgN_{tot}/(kgTSS \cdot d)$	0.011	能量[⑤]	$kW \cdot h/(PE_{150,rem} \cdot y)$	13.9

①反应器中现有总生物量每天接受的 COD 量。②在曝气时间测得。③在 20℃ 下一个周期内测得的实际值。④只有在暴雨期间测该值。⑤PE 为人口当量。

好氧颗粒污泥系统的接种污泥来自另一个好氧颗粒污泥污水处理厂的剩余污泥（$SVI_{30} = 140mL/g$，无明显颗粒污泥）。系统的实际运行根据颗粒化程度和处理效果分为两个阶段。

(1) 第一阶段为启动阶段（2013 年 9 月至 2014 年 2 月），为确保出水水质达到阶段值（TN=15mg/L，TP=1mg/L），容积负荷率逐渐提升、单个运行周期时间不断缩减，同时好氧污泥颗粒化率稳步提升。实践表明，在某些情况下启动阶段容积负荷率必须适当降低。为确保在该阶段出水 TP 达到标准，需在干燥或者大雨气候下于运行周期结束后添加絮凝剂以辅助除磷。在该阶段末期，出水 TN 和 TP 平均值已经可以达到 6.9mg/L 和 0.9mg/L。SVI_5 和 SVI_{30} 分别从接种污泥的 145mL/g 和 90mL/g 降到 70mL/g 和 50mL/g，生物量从 $3kg/m^3$ 增长到 $6.5kg/m^3$，颗粒化率从 30% 增长到 >80%。

(2) 第二阶段为正常运行阶段（2014 年 3～12 月），容积负荷率逐渐达到设计值，系统稳定运行，颗粒化正常，相关出水水质达到标准（如表 3.10.2 所示）。Fe(Ⅲ)/P(摩尔质量比) 为 0.18，TP 去除率达到 90%。在正常雨量和干燥天气下，TP 完全由生物去除，不添加絮凝剂。SVI_5 和 SVI_{30} 稳定在 45mL/g 和 35mL/g，生物量增长到 $>8kg/m^3$，80% 的颗粒污泥粒径 >0.2mm，60% 的颗粒污泥粒径 >1mm。Fish 测试表明有大量 PAO 菌种存在于好氧颗粒污泥中，而很难发现 GAOs 菌种。运行中，利用选择压来促进好氧颗粒污泥的形成，同时排出絮体，剩余污泥中仅发现有少量 0.2mm 左右的颗粒污泥。系统中的混合液污泥如图 3.10.4 所示。

表 3.10.2　好氧颗粒污泥系统相关运行参数

参数	进水/(mg/L)	出水/(mg/L)	设计标准/(mg/L)
COD	145～715	64	125
BOD_5	60～420	9.7	20
NH_4^+-N	13.4～56.5	1.1	—
TN	14～81	6.9	7

续表

参数	进水/(mg/L)	出水/(mg/L)	设计标准/(mg/L)
SS	101~465	20	30
TP	1.9~9.7	0.9	1
PO_4^{3-}-P	1.5~6.8	0.4	—

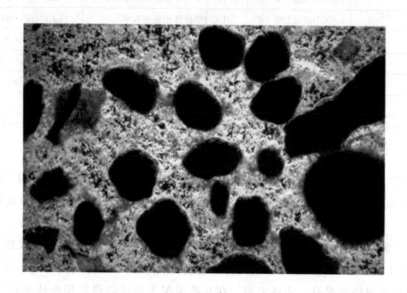

图 3.10.4　系统中的混合液污泥形态

3.10.3　改造效果

3.10.3.1　短程硝化反硝化系统

该厂的短程硝化反硝化系统（SHARON）氨氮去除率达到 95% 以上，对污泥消化液、污泥浓缩液及污泥干化处理出水等进行了有效处理，降低了主处理工艺的氮负荷。SHAR-ON 通过将氮氧化为亚硝酸盐节约了 25% 的曝气能耗，亚硝酸盐的反硝化节约了 40% 的外加 BOD，在高温下进行亚硝酸盐的反硝化减少了 50% 的污泥产量，操作简单、工艺稳定度高。

对全规模的升级工艺 BABE® 技术进行测试表明，该技术可以克服传统 SHARON 的部分缺点，是一种无剩余污泥的高效氮处理工艺，但 Garmerwolde 污水处理厂自 2005 年以来仍一直采用 SHARON 装置。

3.10.3.2　好氧颗粒污泥（Nereda®）

通过新建好氧颗粒污泥技术处理设施，该厂处理能力提高了 40%（新增 14 万人口当量），取得了较好的效果，实际平面图如图 3.10.5 所示。实际运行中，好氧颗粒污泥系统的流量负荷在旱季达到总流量负荷的 60%。

在荷兰的气候条件下，出水水质能满足要求（7mgTN/L 和 1mgTP/L），在夏冬季节生物量能保持在较高水平（>8g/L）、SVI_5 稳定在 45mL/g，温度对于好氧颗粒污泥的影响比传统活性污泥小。由于好氧颗粒污泥较高的生物量，处理设施的容积负荷率大大增加，好氧颗粒污泥系统处理相同水量所需的容积比普通活性污泥法减少 33%［原处理工艺负荷为 $0.8m^3/(m^3 \cdot d)$，好氧颗粒污泥系统为 $1.2m^3/(m^3 \cdot d)$］。

该厂原 AB 法电耗约为 $0.33kW \cdot h/m^3$（污泥处置电耗除外），好氧颗粒污泥法的能耗约为 $0.17kW \cdot h/m^3$（污泥处置电耗除外），节能约 49%。好氧颗粒污泥系统的电能消耗量为 $13.9kW \cdot h/(PE_{150} \cdot a)$，这比当地的普通活性污泥法少 58%~63%。

该厂好氧颗粒污泥系统建造费用约 2000 万欧元（0.07 欧元/m^3）。原 AB 法运行费用约为 0.07 欧元/m^3，好氧颗粒污泥系统运行费用约 0.03 欧元/m^3，节省约 50%。

图 3.10.5　Garmerwolde 污水处理厂鸟瞰图

3.10.4　结语

2005 年 Garmerwolde 污水处理厂通过对原 AB 法增加旁侧流 SHARON 工艺，并在该系统添加碳源、进行短程硝化反硝化系统，减轻了主处理工艺的氮负荷；2013 年新建了平行于 AB 法的好氧颗粒污泥系统，扩大了污水处理厂规模，节省了占地空间，满足新的环境标准，实现水质稳定达标排放，为好氧颗粒污泥技术在市政污水处理厂的运用提供了实践经验。

参考文献

[1] 何国富，张波，华光辉，等. 强化 AB 法的脱氮除磷功能研究[J]. 中国给水排水，2002，18(9)：12-15.

[2] Mulder J W, Duin J O J, Goverde J, et al. Full-scale experience with the SHARON process through the eyes of the operators[C]. Proceedings of the Water Environment Federation, 2006.

[3] Pronk M, Kreuk M K de, Bruin B de, et al. Full scale performance of the aerobic granular sludge process for sewage treatment [J]. Water Research, 2015, 84 (1): 207-217.

[4] 赵义，郝晓地，朱景义. 侧流富集／主流强化硝化（BABE）升级工艺[J]. 中国给水排水，2006，22(2)：5-8.

[5] Li J, Cai A, Ding L B, e al. Aerobic sludge granulation in a Reverse Flow Baffled Reactor (RFBR) operated in continuous-flow mode for wastewater treatment. Separation and Purification Technology, 2015, 119(7): 437-444.

本文已发表在《净水技术》2016，35（1）：11-15

3.11 良渚污水处理厂四期节碳节能探索

作者：朱品尚[1]，金明辉[1]，姚云波[1]，俞晓兵[1]，冯洪波[2]，李军[2]

作者单位：1. 杭州余杭净水有限公司，杭州；2. 浙江工业大学环境学院，杭州

摘要：为了满足污水处理需求，良渚污水处理厂四期在三期运行的基础上进行优化建设，设计规模 $3 \times 10^4 \mathrm{m}^3/\mathrm{d}$，主要工艺为预处理＋$A^2$OA-MBR＋次钠消毒。采用进水渠配水，实现多点进水；同时优化了内回流点，增设了后缺氧段，强化了生物反硝化和聚磷作用；通过降低膜池曝气量，优化 MBR 产水和反洗运行模式，实现节碳节能。四期与三期相比，电耗从 $0.569 \mathrm{kW} \cdot \mathrm{h}/\mathrm{m}^3$ 降低为 $0.462 \mathrm{kW} \cdot \mathrm{h}/\mathrm{m}^3$，节省约 18.8%。除磷药剂和碳源的投加量与三期相比，分别从 $0.112 \mathrm{kg}/\mathrm{m}^3$、$0.028 \mathrm{kg}/\mathrm{m}^3$ 下降为 $0.076 \mathrm{kg}/\mathrm{m}^3$、$0.004 \mathrm{kg}/\mathrm{m}^3$，吨水处理成本约下降 0.12 元。

关键词：污水处理；扩建工程；能耗降低；MBR

3.11.1 前言

随着社会经济的迅速发展，人们对水环境的要求进一步提升，城镇污水处理量逐年增加，出水排放标准也更加严格。《关于推进城镇污水处理厂清洁排放标准技术改造的指导意见》《浙江省城镇污水处理提质增效三年行动方案（2019～2021 年）》等政策文件的发布实施，加快了城镇污水处理厂提标改造的进程[1]。随着污水处理提质增效的深入，城镇污水处理厂在确保水质稳定达标的同时开始逐步探索低碳、节能运行模式[2,3]。

污水处理厂作为能耗密集型企业，碳排放量约占全球碳排放总量的 2%～3%[4]。从能量转化的角度考虑，污水处理通过消耗大量能源和药剂实现水质净化，且会产生大量的 CO_2、N_2O、CH_4 等温室气体。《联合国水发展报告（2020）》显示污水处理产生的温室气体占全球温室气体排放量的 3%～7%。运行阶段的污水处理厂会产生大量碳排放，尤其是低 C/N 城镇污水处理，需要投加大量碳源和除磷药剂。这会导致直接碳排放和间接碳排放的增加，但是通过有效的工艺运行调控可获得显著的碳减排效益[5]。

由此可见，城镇污水处理厂具有较大的节碳节能空间，本文以良渚污水处理厂四期扩建工程为例，提出城镇污水处理厂低碳节能设计运行模式。

3.11.2 工程设计与建造

3.11.2.1 工程概况

随着良渚人口集聚与发展，污水量将急剧增加，一至三期共 $7 \times 10^4 \, \text{m}^3/\text{d}$ 规模处理设施无法满足处理需求，因此对现有良渚污水处理设施进行扩建。于是在良渚污水处理厂预留空地上启动扩建四期工程。这不仅有利于污水就近集中处理，同时还可充分利用现有污水收集处理系统。四期工程扩建后，良渚污水处理厂总规模达 $10 \times 10^4 \, \text{m}^3/\text{d}$，有效缓解余杭区污水量逐渐增加的压力，良渚组团和瓶窑镇污水全部进入良渚污水厂处理，尾水排入良渚港。

良渚污水处理厂四期占地约 10.5 亩（约 7000m^2），在三期的运行基础上进行优化设计，主流工艺采用预处理＋A^2OA-MBR＋次钠消毒的工艺，设计规模为 $3 \times 10^4 \, \text{m}^3/\text{d}$，共用三期的预处理及部分配套附属建构筑物。四期工程于 2020 年完成建设并通水，实际控制出水达到《城镇污水处理厂主要水污染物排放标准》（DB 33/2169—2018）。四期布置见图 3.11.1。

图 3.11.1　良渚厂四期布置

3.11.2.2 污水处理工艺

良渚污水处理厂进水水质浓度不高，但脱氮除磷要求较高，因此应采用强化脱氮除磷的工艺，考虑到三期已采用 MBR 工艺，结合常规污水处理厂处理工艺优缺点分析，从占地、运行、维护、管理等角度出发，四期工程仍采用 MBR 工艺，并基于三期的实际运行数据进行优化设计。

如图 3.11.2 所示，污水自流进入粗格栅渠，经粗格栅拦截污水中较大的漂浮物后，用污水提升泵提升至高位的细格栅渠，保证处理后的污水可自流排放。经细格栅拦截污水中较

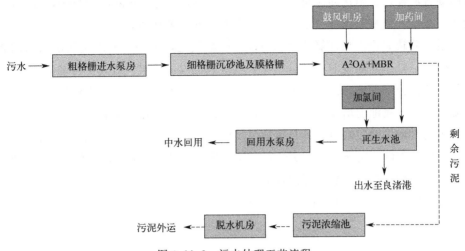

图 3.11.2　污水处理工艺流程

小的漂浮物后，污水进入旋流沉砂池后去除密度较大、粒径大于 0.2mm 的无机砂粒，再通过膜格栅去除毛发等会影响膜处理的杂质后，控制不同进水流量分别进入缺氧池和厌氧池中，通过活性污泥微生物吸附降解进水中有机污染物，利用硝化细菌、反硝化细菌对污水进行脱氮处理，利用聚磷菌对污水进行除磷处理。随后进入 MBR 池，经 MBR 膜过滤后的清液，进入接触消毒池。消毒后的排水大部分排入良渚港，部分进行再生利用。通过以上的污水处理过程，出水水质可以达到浙江省地方标准《城镇污水处理厂主要水污染物排放标准》（DB 33/2169—2018）的要求，也能够满足回用以及排良渚港的水质要求。

MBR 池中的污泥，排至污泥浓缩池。污泥浓缩池的主要作用是调节、缓冲和对剩余污泥进行初步浓缩。经过浓缩池处理后的污泥用泵打入板框厂房进行压滤脱水，脱水后的污泥外运处置。

3.11.2.3　强化脱氮除磷

四期工程在设计建造过程中，结合三期实际运行情况，进行了如下优化调整以强化生物脱氮除磷。

（1）多点进水。采用进水渠配水，实现多点进水，尽可能利用进水碳源和内碳源进行反硝化，尽量减少辅助碳源的投加，通过合理分配碳源提高进水中碳源的利用效率。各区的分配比例还可以根据不同水质条件下，生物脱氮和生物除磷所需碳源的变化进行灵活调节。

（2）优化回流。采用三段回流方式，即分别为膜池到好氧区回流、好氧区到缺氧区回流和缺氧区到厌氧区回流。混合液经过膜的高效截留，在过滤出水的同时使污泥浓度得到提高，高浓度的混合液回流到好氧区中，由于其溶解氧含量高，回流至好氧区可以使溶解氧得到充分利用，在一定程度上补充了好氧区的供氧量，减少了鼓风机的运行成本。好氧区内的混合液经过硝化过程后回流至缺氧区，利用分配的原水碳源进行充分的反硝化，使污水中的 NO_3^- 转化为 N_2，避免将膜池的富氧混合液直接回流至缺氧区，破坏缺氧区的反硝化环境。

缺氧区的混合液经过反硝化回流至厌氧区，减少了NO_3^-对生物除磷的影响，也提高了厌氧区内的污泥浓度，使聚磷菌充分地利用原水碳源实现除磷功能。

（3）增设后缺氧段。在好氧池后端增设二段缺氧池，进一步处理生化池出水的硝化液，增强脱氮效果，减少外加碳源的用量。在二段缺氧池内设置曝气管，可将缺氧池与好氧池的容积进行灵活的分配调整，以适应不同的水质情况。此外，四期设计在保持原厌氧池停留时间的基础上，在厌氧池前增设了预缺氧池，最大程度降低硝化液对除磷的影响，增强生物除磷能力。再通过增设两段缺氧，延长了缺氧反应的时间，尽可能地利用进水中的有机碳源和回流混合液中的NO_3^-充分反应，实现完全反硝化，同时在缺氧环境中停留较长的时间可实现内源反硝化功能，节省外加碳源的投加。

四期A^2OA-MBR生化池如图3.11.3所示。

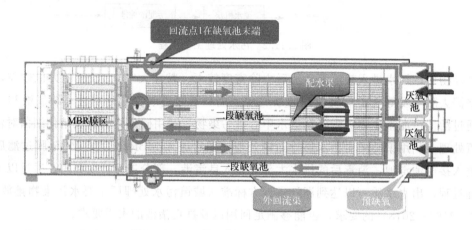

图3.11.3　四期A^2OA-MBR生化池示意

3.11.2.4　膜池控制优化

三期工程MBR池设计气洗量为$300m^3/min$，配套了3台（2用1备）$175m^3/min$的单级离心风机。实际运行过程中发现，过大的气洗量对于提升膜表面的擦洗清洁作用并不大，同时大大增加了能耗，因此，四期的设计对膜池的气冲洗风量进行了优化，仅为$170m^3/min$。考虑配置1台$175m^3/min$的单级离心风机，并利用三期的风机进行备用。这样三、四期共配置4台$175m^3/min$的单级离心风机，3用1备。

优化后的膜池生产运行模式如下。

（1）产水。浸没式膜组件放在单独的膜池混合液中，在抽吸泵产生的负压条件下，水穿过膜而完成过滤处理。

① 过滤：产水泵抽吸出水，持续7～9min。

② 停止产水泵：鼓风机正常擦洗1～2min。

（2）清水/药剂反洗。反洗泵从产水池取水，将水流反向通过膜，使膜孔轻微膨胀，驱除黏附在膜丝表面的固体颗粒。系统每间隔8h进入反洗模式，单组膜反洗1～2min，反洗压力≤0.1MPa，各组膜依次进行反洗。

① 停止产水泵，鼓风机正常擦洗。

② 反洗泵开启，过滤水反向注入膜组件。鼓风机正常擦洗，持续 1~2min；药剂反洗同时开启次氯酸钠/柠檬酸加药泵，浸泡 20~30min，并根据需要重复步骤②。

③ 反洗结束，过滤，产水泵抽吸出水。

（3）离线清洗。根据堵塞情况，一般半年进行一次膜组件离线清洗。采用不同化学溶剂进行清洗，次氯酸钠和氢氧化钠用于有机垢，柠檬酸用于无机垢。经过一段时间的浸泡后，膜的过滤性能得到恢复后，膜组器恢复运行。

3.11.3　运行效果及分析

3.11.3.1　总氮处理效果

良渚污水处理厂四期全年平均出水总氮为 8.96mg/L，优于浙江省地方标准《城镇污水处理厂主要水污染物排放标准》（DB 33/2169—2018）中的要求。尤其是在 4~9 月期间，出水平均 TN 仅为 7.84mg/L，同期，三期的平均出水 TN 为 8.54mg/L。四期在运行过程中减少了碳源的投加，过去一年，全年投加碳源 36t，相同处理规模的三期全年投加碳源 220t。工艺优化后，节约碳源投加约 83.6%。

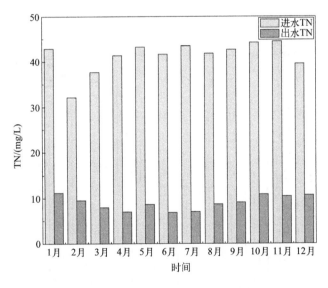

图 3.11.4　四期 TN 去除

3.11.3.2　总磷去除效果

四期 TP 去除如图 3.11.5 所示。由图可知，四期在运行过程出水 TP 都达到了 0.3mg/L 以下，运行稳定较好，TP 去除率均超过 90%。实际运行过程中主要采用了生物除磷与化学除磷相结合的方式，通过控制投加 PAC 的量确保出水 TP 稳定在 0.3mg/L 以下。

三、四期每月平均投加的除磷药剂 [聚合氯化铝（PAC）] 的量如图 3.11.6 所示。由此图可以看出，通过工艺改进后的四期，PAC 的投加量明显小于三期的除磷药剂（PAC）投加量。三期月平均加药量为 0.112kg/m³，其中 8 月最大投加量为 0.163kg/m³，而四期的月平均加药量为 0.076kg/m³，与三期相比节省药耗约 32.1%。因此，通过回流点位的调整，有效强化了生物除磷的效果，节省了除磷药剂的投加。

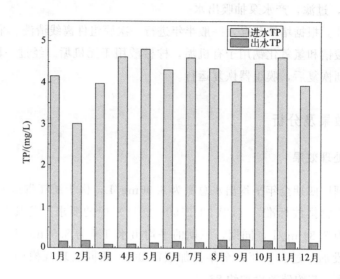

图 3.11.5　四期 TP 去除

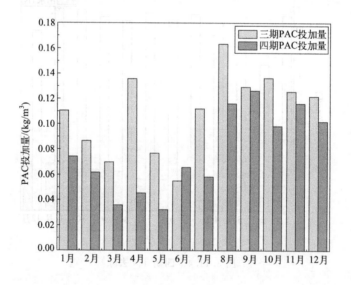

图 3.11.6　三、四期 PAC 投加量

3.11.3.3　生物群落分析

对三期和四期好氧池的活性污泥进行高通量测序分析，得到三期和四期污泥样品的有效序列数分别为 76590 和 76829，覆盖率均大于 99%。这表明采集到的基因序列可以很好地代表微生物群落，即测序深度可信。三四期污泥样品 Shannon 和 Simpson 指数分别为 9.24 和 0.9950，9.40 和 0.9958，说明四期的污泥多样性略高于三期的污泥（表 3.11.1）。

表 3.11.1　三四期污泥的多样性指数

样品	有效序列数	Ace	Chao1	Shannon 指数	Simpson 指数	覆盖率/%
三期	76590	3833	3608	0.9950	9.24	99.04
四期	76829	3758	3623	0.9958	9.40	99.13

图 3.11.7(a) 为样本在门分类水平下的物种分布柱状图。从图中可以看出，三、四期好氧段活性污泥在门水平下的优势菌门较为相似，主要为变形菌门（Proteobacteria）、拟杆菌门（Bacteroidota）、黏菌门（Myxomycophyta）、酸杆菌门（Acidobacteria）。然而，三、四期菌门的丰度发生了较为明显变化，其中四期的 Bacteroidota 和 Nitrospirota 丰度明显增加，与三期相比分别从 12.70% 增长到 15.18% 和 2.65% 到 3.98%；同时，Proteobacteria 有较明显的下降，从 40.27% 减少到 37.32%；其他几种门类丰度变化较小。

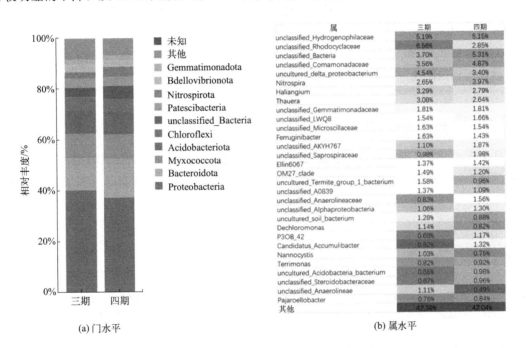

图 3.11.7　三、四期污泥的多样性

图 3.11.7(b) 中，四期污泥样本中占主导地位的菌属分别是 *unclassified_Hydrogenophilaceae*、*unclassified_Comamonadaceae* 和 *Nitrospira*。其中 *unclassified_Hydrogenophilaceae*、*unclassified_Comamonadaceae* 两类菌属中存在大量的能够利用氢、铁等作为电子供体进行自养反硝化的细菌，节省碳源[6]。四期样本中 *Nitrospira* 菌属的占比为 3.97%，高于三期的 2.65%。*Nitrospira* 是常见的硝化菌，是硝化反应的重要菌属。*Ellin6067* 菌属的占比为 1.42%。*Ellin6067* 是处理低碳氮比废水的主要硝化物种之一[7]。值得注意的是 *Candidatus_Accumulibacter* 在四期样本中占到 1.32%，超过三期样本的 2 倍。相关研究表明，在污水生物除磷系统中 *Candidatus_Accumulibacter* 是占主导地位的除磷微生物[8]。*Candidatus_Accumulibacter* 的丰度受硝化液回流影响较大[9]，优化后的四期减少了硝化液回流至厌氧区，有利于活性污泥中 *Candidatus_Accumulibacter* 的富集，强化生物

除磷。此外，在四期样本中还存在一大部分未分类到属的物种，说明四期处理厂活性污泥中可能存在现有数据库中未收录的新属。

3.11.3.4　运行成本分析

污水处理成本主要包括电耗和药耗两大部分。三期除磷药剂（PAC）的投加量为 $0.112kg/m^3$，四期的除磷药剂（PAC）投加量为 $0.076kg/m^3$，节省除磷药剂（PAC）投加量约 32.1%。三期的碳源（乙酸钠）投加量为 220t/年，折合为 $0.028kg/m^3$，四期全年投加碳源（乙酸钠）为 36t，折合为 $0.004kg/m^3$，节约 85.7%。

除膜池曝气的鼓风机外，三、四期主要耗能设备运行周期和时长基本一致，耗电量也大致相同，但三期早于四期投产运行，膜通量有一定衰减。目前，三期平均产水 2.6 万吨/天，四期平均产水 3.2 万吨/天。折合成吨水电耗，三期吨水电耗为 $0.569kW \cdot h/m^3$，四期吨水电耗为 $0.462kW \cdot h/m^3$，相比而言节省电耗约 18.8%。

按照电费 0.75 元/（kW·h）、除磷药剂（PAC）520 元/t、碳源（乙酸钠）840 元/t，初步估算得到四期比三期吨水处理成本节省约 0.12 元。

3.11.4　结论

良渚污水处理厂四期通过工艺优化和运行管理优化，出水能够满足《城镇污水处理厂主要水污染物排放标准》（DB 33/2169—2018）的排放标准，同时节省除磷药剂 32.1%，节省碳源 85.7%，节约电耗 18.8%，折合吨水处理费用下降约 0.12 元。

参考文献

[1] 刘亦凡，陈涛，李军.中国城镇污水处理厂提标改造工艺及运行案例[J].中国给水排水，2016，32(16)：36-41.

[2] 王洪臣，陈加波，张景炳，等.《污水处理厂低碳运行评价技术规范》标准解读及案例展示[J].环境工程学报，2023，17(3)：705-712.

[3] 王洪臣.我国城镇污水处理行业碳减排路径及潜力[J].给水排水，2017，53(3)：1-3+73.

[4] 张海亚，李思琦，黎明月，等.城镇污水处理厂碳排放现状及减污降碳协同增效路径探讨[J/OL].环境工程技术学报.

[5] 周政，李怀波，王燕，李激.低碳氮比进水 AAO 污水处理厂碳排放特征及低碳运行研究[J/OL].中国环境科学.

[6] Liang Y, Pan Z, Feng H, et al. Biofilm coupled micro-electrolysis of waste iron shavings enhanced iron and hydrogen autotrophic denitrification and phosphate accumulation for wastewater treatment[J]. Journal of Environmental Chemical Engineering, 2022, 10(6): 108959.

[7] Qiu S, Liu J, Zhang L, et al. Sludge fermentation liquid addition attained advanced nitrogen removal in low C/N ratio municipal wastewater through short-cut nitrification-denitrification and partial anammox[J]. Frontiers of Environmental Science & Engineering, 2021, 15(2): 26.

[8] 张丽敏，曾薇，王安其，等.城市污水处理厂 Candidatus Accumulibacter 的菌群结构及定量分析[J].环境科学学报，2016，36(4)：1226-1235.

[9] 孙伟，唐霞，吴学伟，等.广州中心城区污水厂聚磷菌丰度差异及影响因素[J].中国给水排水，2022，38(17)：81-87.

3.12 高标准水质要求地下式污水处理厂实践

作者：**陈永锋**[1]，**季俊超**[1]，**何成翔**[1]，**王凯平**[1]，**宋锡园**[1]，**程小宇**[2]，**李军**[2]

作者单位：1. 义乌市水处理有限责任公司，义乌；2. 浙江工业大学环境学院，杭州

摘要：为应对城镇污水处理厂水质排放要求的提高和日益稀缺的土地资源及邻避效应问题，本文梳理了各地高标准水质排放标准、存在的难题以及解决对策，总结了国内外地下式污水厂的现状发展和特点。以双江湖净水厂为例，分析高标准水质要求地下式污水处理厂的工艺特点、建设形式和运行效果。

关键词：高标准排放要求；地下式污水处理厂；处理工艺；节约用地

3.12.1 前言

近年随着国家对污染防治及环境保护的力度不断加强，污水处理厂尾水排放要求不断提高，各地分别出台更为严格的地方标准。尤其针对部分敏感流域的污水处理厂，如三河三湖、一江一库以及南水北调水源地及沿线，执行更为严格的高标准水质排放要求[1]。与此同时，污水处理厂的建设面临着土地紧缺和"邻避效应"两大瓶颈。随着我国城市化水平和对环境要求的提高，特别是对土地资源短缺、环境保护设施选址难的城市来说，地下式污水处理厂合理利用地下空间，节约土地资源，无臭气、噪声污染，对地面景观影响较小乃至起促进作用等优点逐渐展现，地下式污水处理厂迎来了新的发展机遇。

3.12.2 污水处理高标准水质要求

表 3.12.1 为我国水质排放标准汇总。与一级 A 标准相比，各个省的地方标准对 COD_{Cr}、氨氮、TN 和 TP 指标提出了更为严格的排放要求，特别是在一些敏感流域，其排放要求接近Ⅲ类地表水排放标准。以浙江省为例，新建污水处理厂 COD、NH_4^+-N、TN 和 TP 排放限值与一级 A 标准相比从 50mg/L、5（8）mg/L、15mg/L、0.5mg/L 提升至 30mg/L、1.5（3）mg/L、10（12）mg/L、0.3mg/L。严格的高标准水质排放要求对现有城镇污水处理厂而言是一次巨大的挑战。

目前，我国的城镇污水处理厂大都采用传统活性污泥法及以活性污泥为基础改良开发的工艺，如 SBR、氧化沟、AAO 等。虽然这些工艺经过了长久的发展已经趋向成熟，有着稳

定的处理性能并且具有同步脱氮除磷的作用，但是面对新排放标准中更加严格的污染物排放指标，传统工艺显然是不够的[2]。对国内部分符合准 IV 类排放标准的污水处理厂进行梳理，可以发现 AAO-MBR 工艺[3]、Bardenpho 工艺[4]、高效沉淀池[5]、深床滤池[6]、曝气生物滤池[7]、臭氧氧化[8]、活性炭吸附[9] 等诸多工艺都得到了广泛应用。

城镇污水处理厂实际运行中主要存在进水不稳定、进水与设计差别大、含有难降解工业废水；碳氮比低、碳源不足、SS/BOD$_5$ 比值偏高；低温条件下运行效率差、运行不稳定；运行负荷低、能耗大、运营管理复杂、区域特性强等实际问题[10]。对于碳源不足的城镇污水厂，可取消初沉池，在生化段改进工艺利用内碳源，新建深度脱氮单元以及外加碳源是目前城镇污水处理厂常用的做法；而对于土地紧缺的地区，可对现有工艺进行原位改造，如采用多点布水、耦合 MBR 工艺[11] 等；对于一些含有难降解工业废水的城镇污水来说，臭氧氧化工艺被广泛应用以去除废水中的难降解 COD。

表 3.12.1   我国水质排放标准汇总   单位：mg/L

排放标准			COD	BOD$_5$	SS	NH$_4^+$-N	TN	TP
地表水	GB 3838—2002	III 类	20	4	—	1	1	0.2(湖、库 0.05)
		IV 类	30	6	—	1.5	1.5	0.3(湖、库 0.1)
国标	GB 18918—2002	一级 A	50	10	10	5(8)	15	1(2006 年前) 0.5(2006 年后)
北京市	DB 11/890—2012	A	20	4	5	1(1.5)	10	0.2
		B	30	6	5	1.5(2.5)	15	0.3
天津市	DB 12/599—2015	A	30	6	5	1.5(3)	10	0.3
安徽省	DB 34/2710—2016	新建 I	40	—	—	2(3)	10(12)	0.3
四川省	DB 51/2311—2016	岷沱江流域	30	6	—	1.5(3)	10	0.3
广东省	DB 44/2130—2018	茅洲河流域	30			1.5	—	0.3
浙江省	DB 33/2169—2018	新建	30			1.5(3)	10(12)	0.3
陕西省	DB 61/224—2018	A	30			1.5(3)	15	0.3
湖南省	DB 43/T 1546—2018	一级	30			1.5(3)	10	0.3
河北省	DB 13/2795—2018	核心控制区	20	4		1(1.5)	10	0.2
		重点控制区	30			2(3.5)	15	0.3
江苏省	DB 32/1072—2018	太湖地区	40	—		3(5)	10(12)	0.3
重庆市	DB 50/963—2020	梁滩河流域	30			1.5(3)	15	0.3
昆明市	DB 5301/T 43—2020	A 级	20	4		1(1.5)	5(10)	0.05
		B 级	30			1.5(3)	10(15)	0.3
河南省	DB 41/2087—2021	黄河流域	40	—		3(5)	12	0.4

3.12.3   地下式污水处理厂

近年来随着污水管网系统的不断完善，系统污水收集率逐步提高，纳入城市污水处理厂集中处理的污水量迅速增大，住房和城乡建设部发布的《2021年城乡建设统计年鉴》显示，2010~2021年，我国城镇污水处理厂数量从4121座增加至18054座，污水处理能力从$1.343\times10^8\,\mathrm{m^3/d}$增加至$2.768\times10^8\,\mathrm{m^3/d}$。随着经济不断发展，城市规模逐渐扩大，土地资源日益稀缺，人们对环境要求越来越高，国内经济较发达城市在2000年前后建设的数百座污水处理厂面临被城市发展区域包围、成为"城中厂"的现实问题，因噪声、恶臭等环境污染及景观不协调等原因，亟待改建[12,13]。

国外城市地下大型排水及污水处理系统取得了很好的发展，地埋式污水处理厂历经80余年的发展，走过了从无到有再到现代化的过程，至今已有200多座地下式污水处理厂处于稳定运行当中，广泛分布于10余个国家及地区，为当地创造了巨大的经济、环保和社会效益[13]。芬兰在世界上首次于1932年开始建造地下式污水处理厂；1942年瑞典首都斯德哥尔摩利用当地优越的地质条件和先进的开挖技术，建造了世界上第一座现代化的岩石地下式污水处理厂；瑞典的大型地下污水收集和处理系统，不论在数量上还是在质量上均在世界上处于领先地位，其地下式污水处理厂已经成功地运行了50多年；韩国地下式污水处理厂建设始于21世纪，大邱市智山污水处理厂于2002年建成，占地约$2.8\times10^4\,\mathrm{m^2}$，设计规模$45\times10^4\,\mathrm{m^3/d}$，是韩国第一座地下式污水处理厂。目前，世界许多国家都在开发地下式污水处理厂，如美国、英国、日本等，在这些国家地下式污水处理厂均取得了巨大的经济和社会效益[14]。

我国首座大规模、全地下式、具有标志性意义的污水处理厂——深圳市布吉污水处理厂占地5.95ha（$1\mathrm{ha}=10^4\,\mathrm{m^2}$，下同），采用改良AAO工艺，设计规模为$20\times10^4\,\mathrm{m^3/d}$，于2011年试运行起至今，处理效果稳定。近年来，随着环境要求的提升及技术突破，我国在北京、浙江、广州、合肥、昆明等地陆续建成多座地下污水处理厂。截至2020年10月，地下式污水处理厂已增长至100余座，处理规模超过$10^7\,\mathrm{m^3/d}$。

浙江省住房和城乡建设厅于2020年6月发布《地埋式城镇污水处理厂建设技术导则》（试行），在关于进一步加强城镇污水处理设施建设管理工作的指导意见中提出经济发达、用地紧张的市县，2020年6月30日之后立项建设的$5\times10^4\,\mathrm{m^3/d}$（含）以上规模的城市污水处理厂原则上要采取地埋式建设模式；鼓励其他市县和建制镇，在新规划选址建设的污水处理设施中采用地埋式建设方式。

《城镇地下式污水处理厂技术规程》根据操作层顶部至规划地面标高净空是否大于2.2m将污水处理厂分为全地下式污水处理厂和半地下式污水处理厂，除此之外还有建于隧道（岩洞、山洞）内的隧道式污水处理厂。

全地下式污水处理厂建筑构造及维护空间均设置在地下，可细分为单层加盖和双层加盖两种形式，其中单层加盖式又称为全埋式地下污水处理厂，以池体及操作空间是否分开设置盖板作为区分。全地下式污水处理厂密封性良好，对周围环境影响较小；地面空间开发难度较低，景观效果良好。但其基坑较深，施工难度大、建设成本高，维护工作在地下空间开展，通风、照明要求较高[13]。

半地下式污水处理厂建筑构造设置在地下，维护空间位于地面以上，视现场情况不同，可建造人工坡地。半地下式污水处理厂建造时基坑无需开挖过深，施工难度相对较小、建设成本较低；功能区设置在地下，封性良好，对周围环境影响较小，日常维护在地面之上进行，对工作人员健康影响小。但半地下式污水处理厂对于除臭、降噪等要求更高；若建有人造坡地退坡，占地面相对较大，造成地资源的浪费，未建人造坡地退坡，厂房顶部与地台之间高差较大，与周围环境协调性较差。

隧道式污水处理厂主体结构全部设置在隧道、岩洞或山洞中，占用的城市土地资源价值较低，在山地较多的地区有良好的发展前景，一般不会改变地表原有景观，景观协调性好；密封性良好，对周围环境影响较小。但隧道式污水处理厂施工技术难度最大、建设成本最高，隧道高度受起吊设备影响较大。我国目前在建、已建项目只有香港污水处理厂、沙田污水处理厂。

地下式污水处理厂突破传统污水处理厂用地观念，科学合理地利用地下空间，具有占用空间小、节约地上土地资源、提高土地利用率等优点。其上部空间利用多元化，确保周围景观美观，提高周围土地价值。另外，由于主要处理设施处于地下，污水处理厂也更容易控制污水处理过程中产生的臭气、噪声等问题，运行稳定，受外部环境影响小，具有良好的经济效益和社会效益[1]。

然而建设地下式污水处理厂通常需要深基坑开挖施工，施工难度及建设成本与传统地上式污水处理厂相比较高。运行维护成本相比地上式污水处理厂成本更高，地下式污水处理厂的照明能耗约为常规地上式污水处理厂的 4～6 倍，通风能耗约为常规地上式污水处理厂的 4～6 倍，除臭能耗约为常规地上式污水处理厂的 2～3 倍[15]。由于地下式污水处理厂的建设难度大，建成后难以扩建，确定建设规模时应充分考虑各种不确定因素，需要留有设计冗余度。

3.12.4 案例分析

3.12.4.1 工程概况

双江湖净水厂属于浙江省重点工程，由义乌水务集团投资建设，是浙江中部首座大型全地下式污水处理厂，如图 3.12.1 所示。该项目位于义乌市五洲大道侧下金村以东。总占地面积为 7.94ha，总投资概算 13.78 亿元，采用全地下模式建设，总规模为 $16 \times 10^4 \, \mathrm{m^3/d}$，服务范围包括主城区大部分、经济开发区地块、城西街道工业小区、北苑部分地块、江东部分地块

图 3.12.1　双江湖净水厂鸟瞰图

等，服务面积 133km^2，服务人口 70 余万。处理的主要污水类型为生活和工业污水，纳入的工业废水量约占废水总量的 10％。

3.12.4.2　工艺流程

双江湖净水厂采用改良 Bardenpho＋加砂沉淀池＋深床滤池＋臭氧接触池工艺，工艺流程和平面图如图 3.12.2 所示。废水经中格栅、细格栅拦截去除垃圾及大粒径漂浮物后至曝气沉砂池，进一步去除废水中的悬浮物、漂浮物和砂粒。污水进入生物反应池，该池由多级 AO 组成。好氧末端设有内回流泵，回流到缺氧区。污水经生物反应池处理后进入二沉池进行固液分离，剩余污泥回流至储泥池，然后进入脱水机房进行离心脱水。二沉池出水进入加砂沉淀池，去除部分 TP 和 SS。后进入深床滤池，投加碳源的情况下去除一部分 TN 和 SS，

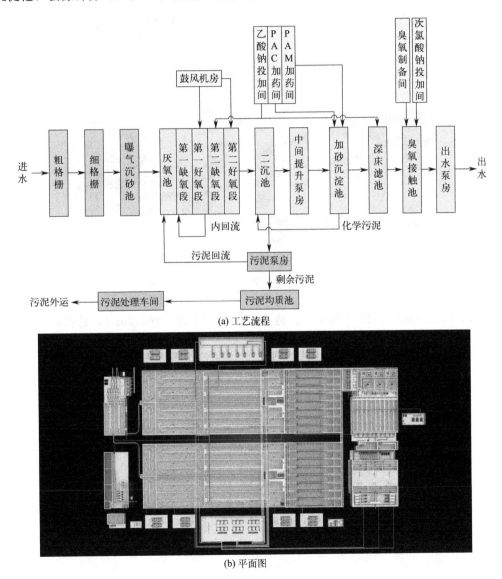

(a) 工艺流程

(b) 平面图

图 3.12.2　双江湖净水厂工艺流程和平面图

由于进水中含有约 10％的工业废水，为保证 COD 达标排放采用臭氧接触池去除难降解 COD 以及脱色除味，最后进入出水泵房由出水提升泵提升至地面管道排入标排口。

3.12.4.3　工程建设

　　双江湖净水厂采用地下式设计，全地下式的布置形式可以有效防止污水处理厂周边地区的臭气、噪声等二次污染，使得污水处理的稳定性得到提高，有效地保护了水环境，保障了周边地区的居民健康和社会进步。双江湖净水厂内部构筑物如图 3.12.3 所示。

图 3.12.3　双江湖净水厂内部构筑物示意

　　上部空间利用如图 3.12.4 所示，占地面积 70 亩（1 亩＝666.7m²），总投资概算为 1 亿

图 3.12.4　双江湖净水厂上方球场

元。该项目分为两部分：一部分为室外球场，包括一个 11 人标准足球场，三个 5 人足球场和两个网球场；另一部分为综合服务楼，共两层，一楼为服务大厅，二楼为配套健身房、室内足球馆和篮球馆，屋顶还有一个 8 人足球场。该项目将填补义西南地区没有体育综合体的空白，满足广大市民的运动需求，提升市民的运动、观赛体验。

3.12.4.4　初步运行效果

双江湖净水厂于 2022 年 12 月份进入试运行阶段，污染物去除效果如图 3.12.5 所示。2023 年上半年 COD_{Cr}、氨氮、TN、TP 和 SS 出水平均浓度分别为 14.6mg/L、0.31mg/L、6.84mg/L、0.1mg/L 和 7mg/L，出水指标符合浙江省地方标准《城镇污水处理厂主要水污染排放标准》（DB 33/2169—2018）。

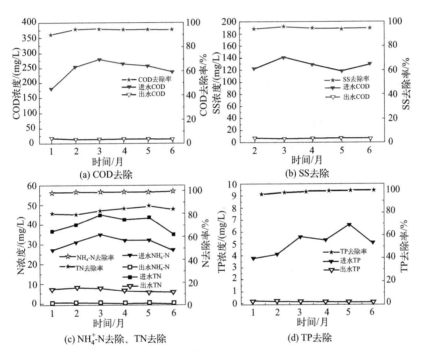

图 3.12.5　双江湖净水厂 1～6 月污染物去除效果

3.12.5　总结

为达到高标准水质出水要求，城镇污水处理厂可从原水水质、运行条件、地域、原工艺的可利用程度、运行管理水平等多方面进行考虑，根据实际问题在前段、生化段和后段采取相应的措施。在面对土地紧缺和"邻避效应"两大问题，地下式污水处理厂可以有效利用地下空间、节约用地，减少臭气、噪声对周围居民的影响，具有良好的发展前景。

参考文献

[1]　王磊 . 反硝化滤池＋臭氧活性炭在高标准城镇污水处理厂原位提标改造中的应用[J]. 净水技术，2023，42(7)：160-167.

[2]　郭欢，吴学伟，李碧清 . 污水处理厂提标改造工程工艺进展[J]. 现代化工，2021，41(S1)：302-306.

[3]　潘兆宇，张文，吴未红，等 . AAO-MBR 工艺在湘湖污水厂提标改造工程中的应用[J]. 净水技术，2019，38(08)：26-31.

[4]　刘娟，项绪文，沈军，等 . Bardenpho＋MBBR＋磁絮凝沉淀用于污水厂升级改造[J]. 中国给水排水，2023，39(4)：70-74.

[5]　关永年 . BAF＋高效沉淀池＋V 型滤池用于污水厂高标准提标改造[J]. 中国给水排水，2023，39(14)：66-70.

[6]　朱强，张晗，张为堂，等 . 多段 AAO＋深床反硝化滤池在城市污水处理厂提标扩容的设计[J]. 水处理技术，2022，48(6)：147-151.

[7]　黄鹤，李铁军 . 磁混凝-曝气生物滤池组合工艺在重庆市溉澜溪水体治理的应用[J]. 低碳世界，2023，13(7)：4-6.

[8]　石迎霞 . 某污水处理厂提标改造工程设计分析[J]. 江西建材，2022(9)：373-374.

[9]　张岚欣，董俊，刘鲁建，等 . 湖北省某市政污水处理厂提标改造工程设计[J]. 环境工程，2023，41(S1)：171-173.

[10]　刘亦凡，陈涛，李军 . 中国城镇污水处理厂提标改造工艺及运行案例[J]. 中国给水排水，2016，32(16)：36-41.

[11]　李亮，汪德金，杨雪，等 . 大型污水处理厂采用 MBR 工艺不停产扩能提标改造[J]. 中国给水排水，2019，35(14)：52-58.

[12]　李成江 . 地下式污水处理厂的发展与关键技术问题[J]. 给水排水，2016，52(8)：36-39.

[13]　李易峰，李航 . 国内外地下式污水处理厂发展现状及探讨[C]. 中国土木工程学会 . 中国土木工程学会 2019 年学术年会论文集 . 北京：中国建筑工业出版社，2019：8.

[14]　朱峰 . 国内外地下式污水厂发展现状及其启示[J]. 城市道桥与防洪，2015(12)：62-65.

[15]　陈秀成 . 地下式污水处理厂能耗指标分析及节能方向[J]. 给水排水，2022，58(03)：35-39.

第4章

未来展望——SCIENCE 厂

作者：李军

作者单位：浙江工业大学环境学院，杭州

4.1　SCIENCE 厂的由来

传统的城镇污水处理厂指对进入城镇污水收集系统的污水进行净化处理的污水处理厂。面对新时期人类健康安全、环境高质量发展、生态稳定可持续等要求，各方对未来的城镇污水处理厂提出了新的发展理念。

Water Factory 21（21 世纪水厂）是美国加利福尼亚州 Orange County Water District（橙郡水管区）在 20 世纪 60 年代提出的概念，将污水处理标准提升至饮用水标准，实现处理水的全面循环再生利用。2003 年，新加坡发布 NEWater（新生水）概念，在国家战略的引导下，将污水概念改为 Used water（用过水），再生水改为 NEWater（新生水），通过新技术的进步实施海水淡化和污水的再生利用。2008 年，荷兰应用水研究基金会（STOWA）提出"NEWs：荷兰污水处理厂 2030 年路线图"，确定基于营养（Nutrients）、能量（Energy）和水（Water）工厂（factories）的污水处理资源管理理念。2014 年，曲久辉等几位学者提出"建设面向未来的中国污水处理概念厂"，以实现水质按需提升、能源资源充分循环、社区友好等多重目标[1]，首座概念厂于 2021 年在宜兴建成投运。近年来，中国学者提出的蓝色水工厂（Blue Water Factories）开始受到关注，基于生态循环理念，强调低能耗、少药耗、小空间处理技术，以回收污水中重要资源与能源为追求目标，把工艺过程碳中和运行与智慧控制同时作为目标方向[2]。在不断的探索中，还出现了"零排放水厂""生态水厂""绿色水厂"等污水处理厂的发展理念。

近几年，通过浙江省城市水业协会、浙江省环境科学学会绿色设施专委会等平台的推动，我们学习借鉴国内外新理念，渐进开展未来城镇污水处理厂发展理念的探索，形成了初步的结论。未来污水处理厂可能具备如下特征：物质工厂、降碳工厂、智能工厂、能源工厂、营养工厂、文化工厂、生态工厂。对应翻译成英文是 Substances factory，Carbon factory，Intelligence factory，Energy factory，Nutrients factory，Culture factory，Eco-engineering factory。将英文首写字母合在一起成为 SCIENCE 厂，是科学，些许巧合。

4.2 物质工厂（Substances factory）

4.2.1 污水的物质组成

城镇污水包括城镇排水系统收集的生活污水、工业废水及部分城镇地表径流（雨雪水），是一种综合污水。随着工厂不断集聚工业区，并建有园区污水处理设施，城镇污水逐渐以生活污水为主。生活污水主要来自厕所冲洗水、厨房洗涤水、洗衣排水、沐浴排水等，其主要成分为水，含有纤维素、淀粉、糖类、脂肪和蛋白质等有机物，以及氮、磷、硫等无机盐类和泥沙等杂质，还有多种微生物及病原体。工业废水是在生产过程中被生产原料、中间产品或成品等物料所污染的水，成分复杂、差异大，如含有重金属、油脂、有毒有害物质等。

近年来，水中出现的新污染物越来越受到重视，新污染物指排放到环境中的，具有生物毒性、环境持久性、生物累积性等特征，对生态环境或人体健康存在较大风险，但尚未纳入管理或现有管理措施不足的有毒有害化学物质，包括持久性有机污染物、内分泌干扰物、抗生素、微塑料等。

4.2.2 污染物质处理

城镇污水处理厂接收整个城镇污水，水量之大不可小觑；而浓度较低的各类物质，由于水量大，这些物质的总量也是可观的。传统意义上，这些物质属于污染物，需按照《城镇污水处理厂污染物排放标准》进行处理排放。

污水处理是通过不同方法（物理、化学、生物等方式）将污水中的污染物分离、回收利用、转化为无害稳定的物质，使污水得到净化。传统污水处理设施包括格栅、沉砂池、初沉池、生化池、二沉池、消毒等。深度处理可能增加高效沉淀池、反硝化深床滤池、膜处理等。生化处理主要是活性污泥法、生物膜法及泥膜混合法。通过厌氧、缺氧、好氧等生物环境和加碳源、加除磷剂等实现污水中碳、氮、磷的去除。含有工业废水的城镇污水或考虑新污染物的去除，可能需要强化预处理，增加活性炭，甚至采用高级氧化工艺等，处理过程需要消耗大量的电能、碳源和药剂等物质。

处理过程中，还会产生漂浮物、悬浮物、沉积物、剩余生物体、气体等副产物。剩余生物体（污泥）需要减量化、稳定化、无害化、资源化处理处置；臭气通过物理吸附、化学吸附、催化氧化、生物处理等方法净化后排放。

可见，污水处理是污水中各种物质迁移、转化、降解、利用的过程，是一个物质工厂。传统城镇污水处理厂往往考虑水中污染物的去除，实现达标排放。未来城镇污水处理厂，需要综合性考虑水中物质组成、物质回收、物质降解、物质再生利用等，通过系统性流程设计，区域甚至跨区域整体解决污水中的物质流去向。

4.2.3 可再生物质

4.2.3.1 再生水

再生水指污水经适当处理后，达到一定的水质指标，满足某种使用要求，可以进行有益使用的水。全球大量污水再生回用工程的成功实例，说明污水可再生回用于工业、农业、市政杂用、生活杂用、回灌地下水、生态补水等。美国 Water Factory 21、新加坡 NEWater 的目标就是高标准再生水，荷兰 NEWs 中明确再生水是三大目标之一。住房和城乡建设部《城乡建设统计年鉴》显示，2021 年全国城市污水再生水利用率 26.3%。北京市再生水利用量约为 12 亿立方米，占北京年度水资源配置总量近三成，再生水已成为"第二水源"。

2016 年 11 月住房和城乡建设部等发布的《城镇节水工作指南》中明确提出构建"城市用水—排水—再生处理—水系水生态补给—城市用水"闭式水循环系统，指出"再生水生态和景观补水系统建设，结合城市黑臭水体整治及水生态修复工作，重点将再生水用于河道水量补充，可有效提高水体的流动性"。2021 年 1 月，国家发展改革委等十部门关于推进污水资源化利用的指导意见（发改环资〔2021〕13 号）中明确以城镇生活污水资源化利用为突破口，以工业利用和生态补水为主要途径的指导思想，提出 2025 年全国地级及以上缺水城市再生水利用率达到 25% 以上的目标，明确水质型缺水地区，在确保污水稳定达标排放前提下，优先将达标排放水转化为可利用的水资源，就近回补自然水体，推进区域污水资源化循环利用，提出"健全污水资源化利用法规标准，推动制修订地方水污染物排放标准，提出差别化的污染物排放要求和管控措施。抓紧制定再生水用于生态补水的技术规范和管控要求，适时修订其他用途的污水资源化利用分级分质系列标准"。对于城镇污水处理厂大量高标准水质出水，生态补水会越来越受到关注。图 4.2.1 为再生水用于生态补水的案例。

图 4.2.1　再生水用于生态补水的案例

4.2.3.2 剩余污泥利用

剩余污泥主要由水、微生物组成，含有有机物、营养物质、金属和病原体等。通过生物质能利用、土地利用，可制成建筑材料、生物碳、生物可降解塑料，提取海藻酸盐，用于动物饲料等进行资源化。

污泥中的大量有机质可通过厌氧发酵产甲烷回收热能，或通过焚烧释放热能，将污泥变成能量物质，但污泥焚烧需关注有害烟气的环境影响。土地利用可使污泥中的有机质及氮磷等营养资源得以充分利用（图4.2.2），但需要经过稳定化和无害化处理，需关注污泥中重金属和有毒有机物影响，控制施量和时间，防止出现土地板结、重金属积累、盐碱度增加、肥效降低等问题，并进行环境风险评估。建材利用主要是指水泥熟料的烧制（即水泥窑协同处理处置）、污泥制陶粒等，可以将污泥中的病原体和一些寄生虫卵杀死，使重金属固化在建筑材料中实现重金属离子的稳定化，但不宜用于人居及公共建筑，还应当限制其中的重金属含量和浸出毒性。生物炭（图4.2.3）、生物可降解塑料（图4.2.4）、阻燃剂、黏结剂等的生产和应用仍然处在研究和示范阶段。从污泥EPS（胞外聚合物）中提取高附加值的生物聚合物海藻酸盐（图4.2.5），加工成精细化工产品，生产出首饰、服装等大众消费品。在污泥养蚯蚓的应用中发现，污泥中的蛋白质、脂肪、纤维素等成分适合蚯蚓生长，但污泥饲料中有害物质的预处理较为复杂（图4.2.6）。

图4.2.2 污泥好氧堆肥后土地利用

4.2.3.3 纤维素回收

污水中纤维素指木质纤维素物质，主要是由厕纸、厨余残渣、杂草、树叶等构成。根据不同污水性质，纤维素一般约占污水处理厂进水总SS的30%~50%（以COD计，约占20%~30%）。污水中大部分纤维素被格栅、沉砂池、初沉池等截留，少部分纤维素会在生物池中被降解。减少纤维素可以减少处理系统耗氧量。纤维素的分子结构与聚合物的稳定聚合状态导致这类物质生物降解性变差，还可能使活性污泥絮体蓬松，增加剩余污泥量，可能影响污水处理正常运行。

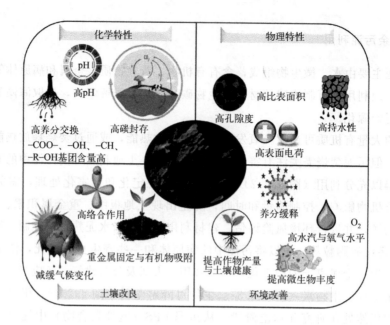

图 4.2.3　污泥制成生物炭：特性和应用[3,4]

图 4.2.4　污泥生产生物可降解塑料（聚羟基烷酸酯，PHA）

图 4.2.5　污泥 EPS 中提取高附加值的生物聚合物海藻酸盐

图 4.2.6　蚯蚓处理污泥

　　回收的纤维素可作为沥青添加剂用于道路铺设，还可用于造纸及制作隔声材料、生物复合材料、混凝土/沥青添加剂、土壤改良剂、生物质燃料等。荷兰 Geestmerambacht 污水处理厂建造了一个纤维素回收工厂，通过污水预处理设置细格栅，原位回收污水中的纤维素（图 4.2.7），提纯后作为辅助材料加入到铺自行车道用的沥青中。该项目通过回收纤维素，处理工艺的曝气能耗降低了 15%，污泥产量减少 10%，污水处理处理能力提高 10%。同时，也发现截留物里还有其他物质，如头发、脂质、砂石等，这些杂质限制了纤维素的回收潜力。目前纤维素的回收大多数处在研究、试行阶段。

图 4.2.7　污水中回收的纤维素制品

4.3　降碳工厂（Carbon factory）

4.3.1　碳排放核算

污水处理厂碳排放量占全社会总量的 $1\%\sim2\%$，其中 CH_4 和 N_2O 的排放量约占全社会碳排放量的 4% 和 5%。污水处理行业是"双碳"目标重点关注的行业之一。

不同国家和地区可能有针对环境保护和碳排放管理的相关法规和标准，这些法规和标准可以提供指导和要求，确保城镇污水处理厂在碳排放核算方面的准确性和一致性，可以参考《城镇水务系统碳核算与减排路径技术指南》[5]、《污水处理厂低碳运行评价技术规范》（T/CAEPI 49-2022）[6]。《温室气体协议》提供了关于温室气体排放核算和报告方法的国际准则，其中，IPCC（Intergovernmental Panel on Climate Change，政府间气候变化专门委员会）发布的指南是全球公认的温室气体排放核算的参考依据之一，城镇污水处理厂可以根据《IPCC 2006 年国家温室气体清单指南（2019 修订版）》的方法和原则来进行碳排放核算。

为了估算碳排放量，需要使用特定活动或过程的排放因子。排放因子是衡量单位活动或过程产生的碳排放量的参数。各个国家、地区和机构通常维护和更新碳排放因子数据库，提供相应活动或过程的排放因子数据。城镇污水处理厂可以参考这些数据库中的数据来估算碳排放量。

进行准确的碳排放核算需要收集和监测与能源消耗、化学药剂使用、污水性质等相关的数据。数据采集应准确、全面，并根据所选用的核算方法进行分类和整理，以确保结果的准确性和可靠性。

污水处理厂碳整体碳排放核算可分为直接和间接两部分：直接排放主要核算污水处理产生的化石源 CO_2、CH_4 和 N_2O，排入受纳水体时产生的 CH_4、N_2O 及污泥处置产生的碳排放量；间接排放主要核算电能消耗和药耗所产生的碳排放；污水处理生物过程 CO_2 直接排放不纳入排放清单。污水处理厂主要耗电设备有曝气设备、污泥处理设备和提升泵等。药耗主要包括外加碳源、絮凝剂和助凝剂、液氯和调控用酸碱等。此外，每种药剂在其生产及运输等过程中也会有碳排放，用其相应的碳排放系数进行衡量。

4.3.2　降碳路径

4.3.2.1　资源利用优化

通过改进污水处理工艺和设备，提高能源利用效率，例如采用更高效的曝气系统、能量回收装置等，减少能源消耗。可通过优化曝气组件、曝气模式、曝气结构、气泵类型等方面提高曝气过程效率，防止过度曝气；同时对易磨损、易腐蚀的水泵等设备进行定期及时维护，优化水泵类型，从而可减少水泵的电力消耗；加强再生水和其他可资源化物质的利用。

4.3.2.2 降低药耗

额外投加碳源、高分子除磷剂等药耗是产生碳排放的另一个主要原因。这些原材料在其生产和运输过程中消耗能源，在投加过程中也消耗一定能源，故优化药剂投加环节，有助于节能降耗减少碳排放。目前，解决措施主要是对加药系统进行配置升级。如在曝气池末端出水投加的 PAC（聚合氯化铝）除磷药剂，由常用的变频计量泵升级为数字泵，通过监测曝气池出水正磷酸盐浓度对 PAC 药剂进行精确投加，加药量有不同程度的降低。另外，还可引入运用 AI（人工智能）技术对污水水量、水质等参数和加药系统运行数据等进行大数据分析，形成最优算法模型在现场实施，从而实现加药系统精细化控制，也能有效降低药品消耗以及设备运行能耗。

4.3.2.3 优化污水和污泥处理工艺

采用高效低碳的水处理工艺，可有效降低污水处理全流程碳排放。对于产生的污泥，可以采取有效的处理和利用措施，如厌氧消化、沼气回收利用等，减少污泥的排放和甲烷等温室气体的释放。

4.3.2.4 温室气体捕集与利用

在污水处理过程中，捕集和利用产生的温室气体，例如甲烷和二氧化碳等。甲烷可以作为能源利用，二氧化碳则可以用于工业应用等。

4.3.2.5 电力供应可再生能源替代

可采用替碳策略，通过回收资源、能源并向社会输出，从而抵消自身产生的部分碳排放，如可采用水源热泵技术，回收污水中的余温热能并为周边地区制冷或供暖，减少碳排放量。将传统的电力供应方式转向可再生能源，如太阳能、风能等，为污水处理厂提供清洁能源，减少碳排放。

4.3.2.6 碳汇建设

在污水处理厂周围建设或保护一定的绿色植被，通过吸收和固定大气中的二氧化碳来实现碳汇效应。综合考虑上述路径，城镇污水处理厂可以有效减少碳排放，并在能源利用、污泥处理和利用、温室气体捕集与利用、电力供应可再生能源替代以及碳汇建设等方面发挥作用。

4.3.2.7 碳排放监测与评价

建立碳排放监测和评价机制，定期监测和报告污水处理厂的碳排放情况，以便进行有效管理和调整。

4.3.3 污水处理降碳技术

4.3.3.1 厌氧氨氧化

厌氧氨氧化污水处理工艺是在厌氧条件下，以氨为电子供体，以硝酸盐或亚硝酸盐为电子受体，将氨氧化成氮气。这比全程硝化-反硝化节省供氧量，以氨为电子供体可节省传统生物脱氮工艺中所需的碳源。该技术已有不少实际工程应用（图4.3.1），主要在工业废水处理厂。

图 4.3.1 污水处理厂中的厌氧氨氧化颗粒污泥

相比传统的硝化-反硝化工艺，厌氧氨氧化工艺具有以下几个温室气体减排的优势。

（1）减少甲烷排放。在厌氧氨氧化过程中，产生的亚硝态氮可以进一步转化为 N_2 气体而不是甲烷。相比于传统的硝化-反硝化工艺，在厌氧氨氧化工艺中生成的甲烷排放量较低。

（2）降低能耗。厌氧氨氧化工艺需要的能量较硝化-反硝化工艺更低，因此在整个污水处理过程中所需的能源消耗也会减少，从而间接减少了与能源相关的温室气体排放。

（3）减少污泥产量。厌氧氨氧化工艺相对于传统工艺来说，需要的污泥产量较少。这意味着在后续的污泥处理过程中，产生的温室气体排放量也相应减少。

（4）减少氧化亚氮（N_2O）的排放量。通过在无氧条件下将氨氮转化为亚硝态氮和硝态氮，从而实现氮的去除，相比传统的硝化-反硝化工艺，在厌氧氨氧化过程中抑制氧化亚氮生成菌的生长及氧化亚氮还原酶活性，因而减少了氧化亚氮的生成量。

4.3.3.2 好氧颗粒污泥

好氧颗粒污泥污水处理技术相对于传统的活性污泥工艺，具有优良的污泥沉降性，生物量高，抗冲击能力强，具有生物膜特性。该技术已有不少实际工程应用（图4.3.2）。

图 4.3.2 污水处理厂中的好氧颗粒污泥

好氧颗粒污泥在温室气体减排方面有以下优势。

（1）好氧颗粒污泥可以在一定程度上减少氧化亚氮的排放量。

（2）控制氧分布。好氧颗粒污泥工艺中，通过合理的氧分布控制，可以将氧浓度维持在较低水平。较低的氧浓度有助于降低产生氧化亚氮的菌群的活性，从而减少氧化亚氮的生成。

（3）优化操作条件。适当控制温度、pH 值和污水进水特性等操作条件，可以最小化氧化亚氮的产生。例如，降低进水氨氮浓度、避免过高的氮负荷以及减少有机物质的输入等都可以有助于减少氧化亚氮的排放。

（4）污泥回流比例。适当调整好氧颗粒污泥处理系统中的污泥回流比例，可以控制内部缺氧环境的形成，从而减低氧化亚氮的生成。

虽然厌氧氨氧化、好氧颗粒污泥污水处理技术可以减少温室气体的排放，但具体的减排效果仍受到工艺设计、运行条件和操作管理等因素的影响。

4.4　智能工厂（Intelligence factory）

4.4.1　工厂智能化

未来工厂智能化的特征主要表现在以下几个方面。

（1）自动化程度高。未来工厂将更加注重自动化生产，通过机器人、传感器和自动控制系统等技术，实现生产过程的自动化操作。

（2）数据驱动决策。智能化工厂将实时收集、分析和利用大量数据，以优化生产效率、质量管理和资源利用效益，支持智能决策和预测性维护，并通过数字化改革将各个环节和部门的信息整合到一个统一的信息系统中，实现信息的共享和协同，提高工作效率和响应速度（图 4.4.1）。

图 4.4.1　浙江实施数字化改革推动多跨协同

（3）互联互通。未来工厂各个设备、系统和部门之间实现高度互联互通，形成一个整体协同的生产环境。通过物联网、云计算和边缘计算等技术，实现设备之间的实时通信和信息共享。

（4）灵活适应性。未来工厂需要具备快速调整和适应市场需求变化的能力，通过灵活的生产线配置、模块化设备和智能调度系统，能够快速切换产品类型和规格。

（5）协作与安全。智能工厂促进设备之间和人机之间的紧密协作，同时注重数据安全和网络安全的保护。

（6）可持续发展。智能工厂倡导节能环保，采用清洁能源、循环利用和资源优化等措施，降低对环境的影响。

未来工厂智能化的必要性体现在以下几个方面。

（1）提高生产效率。智能化工厂能够降低生产成本，提高生产效率和质量，自动化操作和优化的生产流程可以减少人为错误和生产停滞，提高产品的一致性和可追溯性。

（2）降低人力成本。自动化和智能化技术可以减少对人力资源的依赖，降低人力成本和人为错误的风险，机器人和自动设备的运行成本相对较低，并且可以 24h 连续工作。

（3）实现个性化定制。未来市场竞争越来越激烈，消费者对个性化定制的需求也在增加，智能化工厂能够通过灵活的生产线配置和智能调度系统，满足不同客户的个性化需求，提供定制化的产品和服务。

（4）推动创新发展。智能化工厂将促进科技创新和产业升级，通过引入新兴技术如人工智能、机器学习和物联网等，可以改变传统工厂的生产模式，提高产品质量和创新能力，推动整个产业的发展。

4.4.2　污水处理数学模型

污水处理数学模型是一种用数学方程描述和预测污水处理过程的工具。这些模型基于化学、物理和生物反应原理，以及质量守恒和能量守恒等基本原理。

以下是几种常见的污水处理数学模型。

（1）污泥沉降模型。该模型用于描述在沉淀污泥过程中颗粒物质的沉降速度和分离效率。常见的模型包括 Stokes Law、Ideal Settling Law 等。

（2）生物反应动力学模型。这些模型描述了生物反应过程中有机物降解、氮磷去除和生物群落动态变化等。常见的模型包括 Monod 模型、Contois 模型、Activated Sludge Model（ASM1）等。

（3）水动力学模型。这些模型用于描述水体流动和携带污染物质传输的过程。其中，Navier-Stokes 方程是描述流体运动的基本方程之一。

（4）膜分离模型。膜分离是一种常用的污水处理技术，其模型涉及膜通量、截留率和清洗效率等参数的描述和预测。

这些数学模型可以帮助工程师和研究人员理解污水处理过程中的关键环节，并优化处理方案，提高处理效率和出水水质。然而，对于复杂的污水处理系统，模型的建立和求解可能需要考虑多个因素和相互作用，因此在实际应用中需要结合试验数据和经验进行验证和调整。

4.4.3　智能污水处理厂

在污水处理厂，智能化技术可以实时监测和控制处理过程中的各个环节，优化运行参数，提高处理效率和产能利用率，通过自动化和智能优化调度，可以更有效地处理大量的污水，缩短处理周期，提高处理能力。智能化系统可以实现对污水处理厂的远程监控和管理，提供实时数据和报警信息，方便运营人员进行远程操作和决策支持。这样可以减少人力投入和减轻工作压力，提高管理效率。智能化系统可以对污水进行实时监测和分析，及时发现并解决处理过程中的异常情况，确保出水达到国家和地方的排放标准，保障水质安全和环境健康。

城镇污水处理厂的智能化特征主要有以下内容。

（1）自动化控制。采用先进的自动化技术和设备，实现对处理过程中各个环节的自动监测、控制和调节，提高处理效率和稳定性。

（2）远程监控与管理。利用物联网技术和传感器等设备，实时监测处理厂的运行状态和关键指标，可以远程查看、分析和管理数据，提供及时的决策支持。

（3）数据采集与分析。通过数据采集系统，获取污水收集、处理、排放和利用全过程中的各类数据，并利用数据分析技术进行处理效果评估、异常检测和故障预警等，帮助优化运营管理。

（4）智能优化调度。基于污水系统的运行情况和需求，使用智能算法进行优化调度，如优化进水量控制、污泥处理和能源利用等，提高处理效率和资源利用。

（5）故障诊断与预测。结合机器学习和人工智能技术，对设备和系统进行故障诊断和预测，及时发现并解决问题，减少停工时间和维修成本。

（6）能源管理与节能减排。通过智能控制和能源管理系统，对能源消耗进行监测和优化，实现节能减排，提高环境可持续性。

（7）系统集成与互联互通。将各过程和设备进行集成和互联，实现信息共享和交互，提高整个处理系统的协同效率和智能化水平。

污水处理厂转变为智能工厂可以通过以下方式实现：安装传感器和监测设备来实时监测污水的流量、pH值、温度、浊度等参数，并将数据传输到中央控制系统，以便进行准确的监测和调控；引入自动化技术和控制系统，实现对各个处理过程的自动化操作，如利用自动化阀门和泵站控制系统，根据监测数据自动调节进水、出水和添加药剂的流量和时间；采集并分析污水处理厂的运行数据，利用大数据分析和机器学习算法及数学模型，识别潜在问题和趋势，优化处理过程和资源利用效率；建立远程监控和管理系统，通过互联网连接不同的处理设备和控制系统，实现远程监测、故障诊断和设备维护；引入能源管理系统，监控和优化能源消耗，例如通过智能控制照明设备和泵站的运行，减少能源浪费；利用物联网和远程监测技术，实现设备状态的实时监测和预测性维护，以减少停机时间和降低维护成本；整合环境监测系统，对污水处理效果、排放标准等进行实时监测，并生成相关报告，以满足环保法规和可持续发展要求。

基于传感器反馈、模型预测控制、人工智能优化、自适应控制策略、远程监控和远程操作、数据管理和分析的智能系统能实现精确曝气、优化污泥和混合液回流、精准加药等。通过数字孪生技术，实现虚拟仿真和实时优化控制，进一步提高效率。

4.5　能源工厂（Energy factory）

4.5.1　生物质能

将污水处理剩余的污泥进行处理和转化，从有机物中可以获得不同形式的生物质能。以下是一些常见的方法。

（1）发酵产沼气。通过在无氧条件下对污泥进行厌氧发酵，产生沼气。沼气主要由甲烷和二氧化碳组成，可以作为替代天然气的能源供应（图 4.5.1、图 4.5.2）。

图 4.5.1　原杭州四堡污水处理厂卵型消化池

图 4.5.2　高安屯污泥热水解-厌氧消化及资源化利用工程

（2）生物质焚烧。将污泥经过干燥和燃烧处理，产生热能。这种方法可以用于供暖和发电，通过热能的回收与利用，提高能源利用效率。

（3）生物质气化。将污泥在高温和缺氧条件下进行气化，产生合成气（含有一定比例的一氧化碳和氢气）。合成气可以用作工业燃料或者转化为其他化学品。

（4）生物质液化。通过在催化剂的作用下，将湿污泥转化为液体燃料，如生物柴油或生物乙醇。这些液体燃料可以用于交通运输或工业用途。

这些方法可以将污水处理剩余污泥转化为可再生的生物质能源，减少废弃物的排放并提高能源利用效率。然而，在选择合适的处理方法时，需要考虑技术成本、环境影响和能源市场需求等因素。

按照理论计算，进水 COD 为 400mg/L 的市政污水产生的剩余污泥经中温厌氧消化产 CH_4 后热电联产，有 14% 的化学能可实现回收，约合 $0.20kW \cdot h/m^3$，相当于污水处理能耗的 $1/4 \sim 1/3$。

4.5.2　污水源热泵

污水源热泵（Sewage Source Heat Pump）是一种利用污水中的废热能量进行加热或制冷的热泵系统（图 4.5.3）。它通过将污水中的热能吸收并升级，然后将其传递给建筑物或工业过程中的加热或制冷系统。这种技术可以有效地回收和利用污水中的热能，实现能源的节约和环境的保护。污水源热泵系统通常由热泵主机、换热器、管道和控制系统等组成。它们被广泛应用于城市污水处理厂、游泳馆、酒店和其他大型建筑物（图 4.5.4），以实现能源的可持续利用和减少对传统能源的依赖。

图 4.5.3　污水源热泵机组

污水源热泵利用污水中的废热能量进行加热或制冷，其原理主要为：污水中含有一定的热能，通过换热器将污水中的热能传递给热泵系统；热泵系统中的蒸发器吸收来自污水的热

图 4.5.4　污水源热泵用于污泥干化

能，使制冷剂蒸发成为低压低温的蒸汽；压缩机将低温低压蒸汽压缩，提高其温度和压力；冷凝器中的制冷剂释放出高温高压的热量，用于加热建筑物或其他需要热能的过程；膨胀阀将高压制冷剂膨胀为低压状态，重新进入蒸发器，完成循环。

污水源热泵主要设计参数如下。

（1）污水流量。需要评估污水处理厂或其他污水源的流量，以确定热泵系统的容量和效率。

（2）污水温度。需测量污水的入口和出口温度，以了解可供给热泵系统的热能量级和潜在的热回收效果。

（3）热泵容量。根据热需求和污水温度确定热泵系统的制冷/供暖容量，并选择适当的热泵型号。

（4）系统效率。考虑热泵系统的能效比（COP）和热回收效率，以确保能够最大程度地利用污水中的热能。

（5）设备选择。包括蒸发器、压缩机、冷凝器和膨胀阀等设备的选择，需根据设计参数和系统要求进行匹配。

在城镇污水处理厂中应用污水源热泵时，需要注意以下几个问题。

（1）污水质量和处理效果。污水源热泵系统的运行受污水质量影响。污水处理厂需要确保对污水进行有效处理，以减少悬浮物、沉淀物、油脂等对热泵系统的不利影响。这包括污水预处理、过滤和去除杂质等工艺。

（2）系统设计和工程安装。污水源热泵系统的设计和工程安装需要考虑诸多因素，如热泵容量选择、换热器设计、管道布局等。确保系统设计合理，并按照标准进行安装，以保证系统的可靠性和性能。

（3）污水温度和流量变化。由于城镇污水的温度和流量会随季节、时间和负荷变化而变化，因此需要对系统进行稳定性和可调节性的设计。考虑到不同季节和条件下的污水温度和流量变化，调整热泵系统参数和控制策略，以确保系统的稳定运行和高效性能。

（4）腐蚀和污垢防护。污水中含有腐蚀性物质和污垢，这可能对热泵系统的设备和管道产生腐蚀和堵塞问题。需要选择耐腐蚀材料并采取适当的防护措施，如定期清洗、添加阻垢剂等，以延长设备寿命并保持系统性能。

（5）运维和监控管理。污水源热泵系统需要进行定期的运维和监控管理，包括设备检查、清洗换热器、维护管道和阀门等。建立有效的运维计划和监控系统，确保系统正常运行并及时发现和解决问题。

（6）经济可行性分析。进行经济可行性分析是必要的，以评估投资回报和收益情况。考虑安装成本、能源节约、维护成本等因素，确定污水源热泵对于污水处理厂的经济效益，并制定合理的投资计划。

解决上述问题可以确保城镇污水处理厂污水源热泵系统的有效运行和最大化利用污水资源的热能，实现能源节约和环境友好。

热泵系统在污水处理过程中的能源回收效果，可以考虑使用指标如能效比（COP）来评估。能效比是热泵系统输出的热量与输入的电力之间的比值。具体数值会根据热泵系统的设计、工况和运行条件而有所不同。通常情况下，污水源热泵系统的能效比可以达到 3～6 左右，这意味着每单位电力投入，可以获得 3～6 倍的热能输出。

以 20 万吨/天规模的污水处理厂为例，每天的水热潜能约为 4.18×10^{12} J（以 5℃温差计算），相当于天然气约 11.76 万标准立方米/天的当量热值，相当于电能 116.1 万千瓦时/天的当量热值。污水中的显热若得到充分利用，每天可减少碳排放 900t。从理想的能量平衡角度，污水处理厂水中的能量完全可以实现污水处理厂内碳中和，通过技术的进一步提升，水源热泵技术能够成为一项非常有潜力的节能降碳技术。污水源热泵系统的投资回收年限可以因多种因素而异，包括系统规模、能源价格、运行效率、补贴政策等。一般而言，污水源热泵系统的投资回收年限通常在 5～10 年之间。

4.5.3　光伏发电

光伏发电可以作为一种清洁能源解决方案。污水处理厂通常有大量的空地和屋顶面积可用于安装光伏板，这些光伏板可以将太阳能转化为直流电能，经过逆变器转换为交流电以满足厂内和厂外的电力需求。

光伏发电系统在污水处理厂中的应用有以下几个益处。

（1）清洁能源。光伏发电是一种无排放的清洁能源，不会产生温室气体或空气污染物，有助于减少对环境的负面影响。

（2）节约能源成本。利用光伏发电可以减少污水处理厂的电力购买成本。太阳能是一种免费的可再生能源，通过自己发电可以降低对传统电网的依赖。

（3）可持续性。污水处理厂通常需要长期运行，光伏发电系统可以提供可持续的能源供应，减少对非可再生能源的消耗。

（4）平稳电力供应。光伏发电系统可以与传统电网相连接，实现电力的互补供应。当太阳能产生的电力超过厂内需求时，多余的电力可以注入电网中；而在夜间或天气不好时，仍可从电网获取所需的电力。

在城镇污水处理厂光伏发电中，需要解决以下几个问题。

（1）建筑结构和空间限制。污水处理厂通常占地较大，但建筑结构和空间布局可能会对光伏板的安装产生限制。需要评估场地可用性和选择适合的安装方式，如屋顶安装或地面安装。

（2）太阳能资源评估。光伏发电系统的效率和发电量受太阳能资源影响。需要进行太阳能资源评估，确定适宜的光伏板数量和位置，以最大程度地捕捉太阳能并实现高效发电。

（3）系统设计和工程安装。光伏发电系统的设计和工程安装需要考虑诸多因素，如电力需求、光伏板布局、电缆布线、逆变器选择等。确保系统设计合理，并按照标准进行安装，以保证光伏发电系统的可靠性和性能。

（4）电力接入和并网要求。将光伏发电系统并入电网需要遵循相关的电力接入和并网要求。这包括与当地电力公司的沟通、申请必要的许可和合规审查，确保系统与电网安全稳定地连接。

（5）运维和监控管理。光伏发电系统需要进行定期的运维和监控管理，包括清洁光伏板、检查设备运行状态、维护逆变器和电缆等。建立有效的运维计划和监控系统，确保系统正常运行并及时发现和解决问题。

（6）经济可行性分析。进行经济可行性分析是必要的，以评估投资回报和收益情况。考虑安装成本、电费节省、支持政策等，确定光伏发电对于污水处理厂的经济效益，并制定合理的投资计划。

解决上述问题可以确保城镇污水处理厂光伏发电系统的有效运行和最大化利用太阳能资源，实现清洁能源应用和能源成本节约。

城镇污水处理厂一般占地面积为 $0.6 \sim 1.2 \mathrm{m}^2/\mathrm{m}^3$，光伏发电约为 $0.5 \sim 0.8 \mathrm{kW \cdot h/m^2}$。按此计算，一座 10 万吨/天的城镇污水厂按 1/2 面积光伏安装计，可装机 7.5MWp，属于小型光伏电站。光伏发电的投资回收期因多种因素而异，包括安装成本、太阳能资源、电力价格和支持政策等。一般来说，光伏发电系统的投资回收期通常在 6～10 年之间（图 4.5.5、图 4.5.6）。

图 4.5.5 台州污水处理厂光伏发电

图 4.5.6   悬挂式光伏板

4.5.4   氨燃料

氨（NH$_3$）是一种无碳的无机化合物，是自然界中含氢量最大的化合物，含氢量达到 17.6%。质量能量密度也很高，是液氢的 1.5 倍。而氨的液化温度只有—33℃，非常容易液化，能在常温下被液化，使储运量大幅提升。与之相比，氢的液化温度则需要降至—253℃，如果要运输液氢，只能配备制冷机，会浪费大量能量，且同体积的液氨比液氢多至少 60% 的氢。而采用高压运输氢气的方式，更使高压氢的运输量不如转氨载氢运输的 1/5。可见以氨的形式运载氢气会有极大的优势，经济性优势凸显，因此以氨储氢、供氢、代氢是氢能的发展趋势之一。值得注意的是，氨还是一种零碳燃料。氨和氧的燃烧反应产物为水和氮气。氮气约占空气的 78%，可见氨是理想的无碳燃料。据分析，即使在三四十年后全球实现了碳中和，届时仍然有接近 1/4 的能源要依赖燃料，包括海运、长途重载汽车、炼钢、高温工业制造、航空等，因此需要氨燃料进行含碳燃料的替代。目前，国内外开始将氨氢混烧燃料作为重要的减碳途径之一。

氢氨融合是国际清洁能源的前瞻性、颠覆性、战略性的技术发展方向，是解决氢能发展重大瓶颈的有效途径，同时也是实现高温零碳燃料的重要技术路线。

4.6　营养工厂（Nutrients factory）

4.6.1　磷回收

磷是一种有限的资源，同时也是农业生产中必需的营养元素之一。磷回收可以减少对天然磷矿石的依赖，促进可持续资源利用，减少资源浪费。过量的磷排放到自然水体中可能导致水体富营养化，引发藻类过度生长和水质恶化，通过回收污水中的磷，可以减少对水体的污染，降低对生态系统的不良影响。

通常可以从含磷浓度较高的污泥厌氧或脱水上清液、厌氧消化后的浓缩污泥、污泥焚烧飞灰中提取，主要工艺路线有化学沉淀法、离子交换法、膜分离技术、结晶技术、强酸浸出和热处理技术等，这些工艺路线可以单独或组合使用，具体选择取决于污水中磷含量、质量要求、处理规模和经济可行性等因素。

NuReSys 是一家比利时公司的污水磷回收的技术工艺，主要通过消化污泥的二氧化碳吹脱，再投加氯化镁获得鸟粪石结晶沉淀，已形成量产规模装备。NuReSys 在美国 Tres Rios WRF 鸟粪石回收设施 2020 年建成，采用的工艺和建成的设施分别如图所示，设计污泥流量 300gal/min（1135.6L/min），含水率 93%，含磷浓度 280mg/L，磷回收率大于 85% 或出泥含磷浓度小于 50mg/L（图 4.6.1～图 4.6.3）。

图 4.6.1　NuReSys 磷回收量产的鸟粪石

岐阜北部污水处理厂于 2010 年建成一座利用剩余污泥焚烧灰烬回收磷的设施，产品为羟基磷灰石。生产规模 200t/年，P_2O_5 含量 25%～30%，重金属含量符合日本焚烧污泥肥料要求，可以作为缓释磷肥成分或作为工业原料（图 4.6.4～图 4.6.6）。

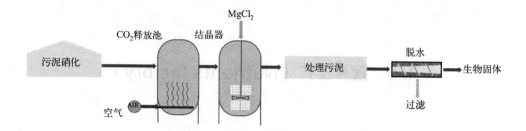

图 4.6.2　NuReSys 厌氧污泥消化液回收磷工艺

图 4.6.3　NuReSys 在美国 Tres Rios WRF 鸟粪石回收设施

图 4.6.4　岐阜北部污水处理厂污泥灰烬回收的羟基磷灰石（HAP）

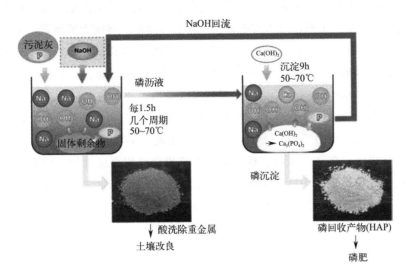

图 4.6.5　岐阜北部污水处理厂污泥灰烬磷回收工艺

图 4.6.6　岐阜北部污水处理厂污泥灰烬磷回收设施

4.6.2　氮回收

空气中的氮气是一种丰富而广泛存在的资源，但它是一种相对惰性的气体，直接利用空气中的氮气是非常困难的。目前，大规模利用空气中的氮气的主要方法是通过氨合成。氨合成是将氮气和氢气通过催化反应生成氨的过程。氨可以用作肥料、冷却剂、化学原料等。

城镇污水中氨氮浓度 30～50mg/L，总氮浓度 35～60mg/L。在污水处理厂，往往采用硝化-反硝化工艺将氮的不同形式转化为氮气回到空气中，出水达到非常严苛的排放标准。这需要消耗大量的电耗和药耗，同时在脱氮过程中往往会产生氧化亚氮温室气体，其全球增温潜势是二氧化碳的近 300 倍。虽然城镇污水中氮回收存在不经济、难度大等问题，但全球研究人员和企业仍在技术上寻找突破，以减小污水处理过程的氮负荷和提高氮的资源化利用。

目前污水氮回收的主要技术工艺有氨吹脱、鸟粪石结晶、滤膜、生物合成、吸附等。氨吹脱是在含氨氮的污水中加碱和提高温度促使氨气溢出，再收集利用的方式，一般用于氨氮浓度高的污水（图 4.6.7、图 4.6.8）。鸟粪石结晶主要用于污水中磷的回收，同时实现了氮的回收利用，但其成分只占 6%，总体上量较小。滤膜法主要采用反渗透、电渗析等选择性透过铵根离子，成本非常高。生物合成是通过新陈代谢作用合成生物，形成细胞，回收蛋白质或其他有机氮。吸附是利用特定吸附剂与废水中的氨氮发生化学吸附作用，将其从废水中分离出来，吸附剂通常选择具有高亲和力的材料，如活性炭、天然矿物质或合成树脂等[7]。

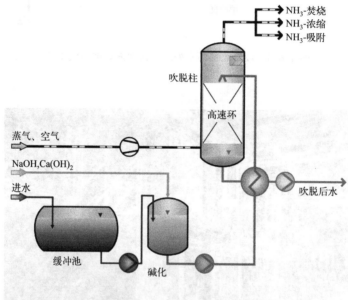

图 4.6.7　RVT 的氨氮吹脱工艺

图 4.6.8　RVT 的氨氮吹脱设施

　　针对城镇污水氮浓度低，不易回收利用的问题，有研究团队提出城镇污水采用厌氧 MBR（AnMBR）、生物炭（Biochar）和反渗透（RO）工艺进行处理，如图 4.6.9 所示[8]。通过一个中试 AnMBR，80％左右的溶解性有机碳被去除，而氨氮几乎没有去除。再经过生物炭吸附（30min）以后，出水氨氮可以从 40mg/L 降到 1mg/L 左右。生物炭是一种由有机原料（如植物残渣、剩余污泥等）在高温条件下热解而成的炭材料，具有多孔结构和高比表面积，通常用作土壤改良剂，可以增加土壤保水性和肥力，提供微生物栖息地，并改善土壤结构。吸附了大量氨氮的生物炭用于土地利用，不但能实现碳截存，还增加了土壤肥力。

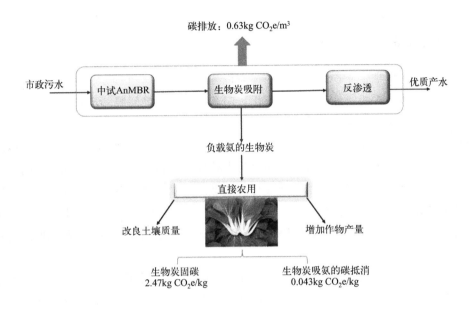

图 4.6.9　污水厌氧 MBR-生物炭吸附回收氨氮工艺

4.7 文化工厂（Culture factory）

4.7.1 面向社会的文化意义

城镇污水处理厂是企业，具有特定的地理位置、生产目标、工作环境和人员组成，还具有公共设施和环境保护的属性，也存在环境影响和邻避效应等问题。未来污水处理厂将会更多考虑面向社会的文化建设。

（1）增加公众参与和透明度。促进公众对污水处理的了解和参与，开展公众参观活动、开放日、举办环保教育讲座等方式，增加对污水处理工艺和环保措施的认知，提高公众对污水处理工作的支持度。国家在推动公众参与和信息公开方面做了很多探索和尝试，先后出台了《环境影响评价公众参与暂行办法》《环境信息公开办法（试行）》《关于推进环境保护公众参与的指导意见》《关于培育引导环保社会组织有序发展的指导意见》《环境保护公众参与办法》等文件。

（2）提升环境教育和意识。承担环境教育的角色，向公众传递环保理念和行动的重要性，通过开展环境保护宣传活动、组织研讨会和培训课程等形式，提高公众对环境保护的意识和责任感。当今社会，环境问题和可持续发展已经成为一个全球性的关注焦点，人们对于环境保护和社会责任的要求也越来越高。人们不满足于家庭、课堂教育，迫切需要现场实践的切身体会。

（3）加强区域互动和合作。增进污水处理厂与当地居民、企业以及利益相关者的密切合作关系，共同推动环境保护和污水治理的目标。重点要解决周边环境影响问题，获得附近社区的信任和接受，甚至欢迎。加强上游污水收集、下游处理水排放和资源化的协同。

（4）推动创新和技术示范。成为技术创新和示范的平台，鼓励开展科研合作、推动先进技术应用，并向相关行业和利益相关者展示高效、环保的污水处理解决方案。形成重视科学研究和工程应用相结合的科技文化特征。

4.7.2 文化工厂建设

文化建设宜纳入未来城镇污水处理厂的规划设计和日常运维管理。需要考虑以下四个方面。

（1）环境友好的处理设施。城镇污水处理厂的选址、形式除考虑生态环境和人居环境友好以外，还要关注当地的文化特征和文化需求（图4.7.1、图4.7.2）。

图 4.7.1　临平净水厂（地埋式）江南水乡水墨画风格

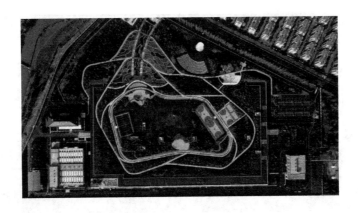

图 4.7.2　杭州七格污水处理厂四期（半地下式）上盖生态公园

（2）专业研学的实践基地。城镇污水处理厂可以作为专业研学的实践基地，提供学习和实践与污水处理相关的知识和技能。观察和学习污水处理过程，实际操作和维护设备，参与监测和分析，学习环境保护和法规遵守，培养解决问题和应对挑战的能力。

（3）文化教育的博物馆。城镇污水处理厂的文化教育博物馆或展览馆旨在向公众展示和教育人们有关污水处理、环境保护和可持续发展。该博物馆或展览馆通常会展示与污水处理相关的展品、信息板和多媒体展示，以便向参观者解释和展示污水处理的过程、技术和重要性。其中可能包括：污水处理的历史和背景介绍，技术设备和装置展示，环境保护和资源回收介绍，互动学习区域：提供与污水处理相关的互动展示和教育活动，环保意识和可持续发展的宣传（图 4.7.3～图 4.7.6）。该博物馆或展览馆可以设置网上参观形式。

（4）创新示范的研究中心。创新示范研究中心致力于推动城镇污水处理技术和工艺的创新和应用，旨在提升污水处理的减污降碳和提质增效，探索可持续发展的解决方案，并促进污水处理领域的学术交流与合作，推动行业发展和标准的制定（图 4.7.7、图 4.7.8）。

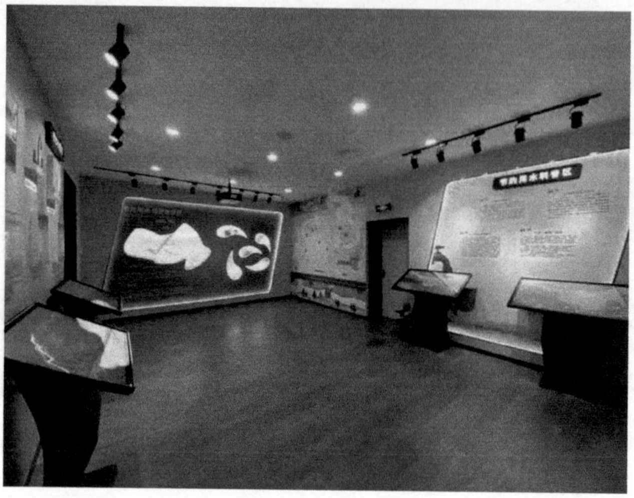

图 4.7.3 青岛水务博物馆

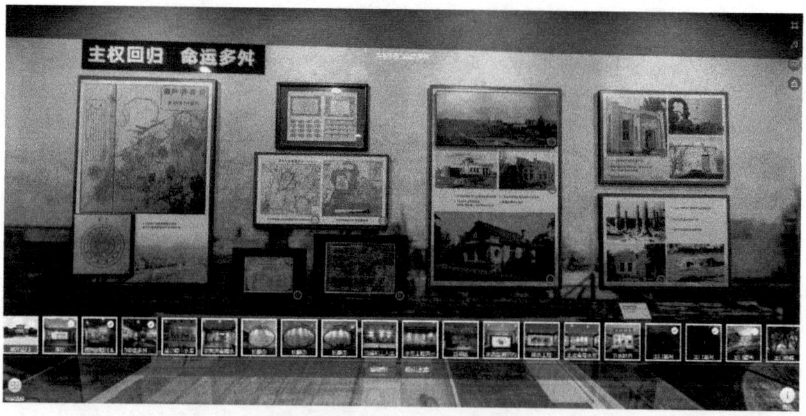

图 4.7.4 青岛水务博物馆线上 VR 展厅

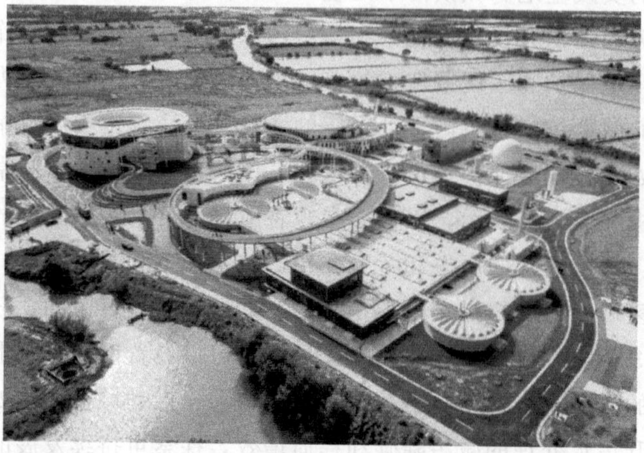

图 4.7.5 宜兴城市污水资源概念厂

图 4.7.6　北京排水展览馆

图 4.7.7　北排科技研发中心（中试基地）

图 4.7.8　宜兴概念厂生产型研发中心

4.8　生态工厂（Eco-engineering factory）

　　生态工程是应用生态系统中物种共生与物质循环再生原理，结构与功能协调原则，结合系统分析的最优化方法，设计的促进分层多级利用物质的生产工艺系统。生态工程的概念可以理解为：对人类社会与其自然环境均有利的设计[9]。

　　要将城镇污水处理厂建设成生态工厂，在规划设计阶段，要考虑自然环境和生态系统的保护，选择合适的场地使其对周围环境的影响最小，并确保充足的绿地覆盖；采用高效、可持续的污水处理技术，这些技术能够模拟自然生态系统的处理过程，降低对化学药剂的依赖，同时提高水质净化效果；引入可再生能源，以减少对传统能源的依赖；充分利用污水中可资源化的物质；在污水处理厂周围种植适宜的植被，增强生态系统的稳定性；营造环境友好的生态环境氛围，使工厂、生态和人居环境有机融合。

　　基于生态工程理念的城镇污水处理厂需考虑生态系统的能量流动和物质循环（转化），如水循环、碳循环、氮循环、磷循环。研究不同层次的生态系统，特别是污水处理的微生物生态系统。微生物生态系统是指在污水处理过程中所涉及的微生物群落和它们之间的相互作用。污水处理微生物群落包括细菌、真菌、藻类和原生动物等，这些微生物通过代谢活动实现物质转化和能量流动。不同类型的微生物在污水处理过程中相互合作，形成复杂的食物链和相互依存关系。微生物群落的稳定性受到外部因素如温度、pH值、氧浓度和毒性物质等的影响。在污水处理过程中，可以通过调节操作条件、添加特定的微生物群落或利用生物载体来有选择地控制某些微生物的存在和活性，这有助于优化处理效果和提高系统稳定性。污水中的营养物质、产生的剩余污泥、产生的各种气体可以和土壤生态系统、植物生态系统结合，促使污染物去除的同时，创建具有工程性的人工生态系统，同时产生环境效益和社会效益（图4.8.1、图4.8.2）。

图4.8.1　彩云湖污水处理厂配置的有降解功能的水生植物

图 4.8.2　临安污水处理一厂尾水湿地处理

　　系统设计污水处理的目标和过程，通过生态工程能有效控制物质转化的产物和能量流动的方向，整体对环境和人类均有利。

4.9　SCIENCE 厂的可能应用

　　SCIENCE 厂包涵的物质工厂、降碳工厂、智能工厂、能源工厂、营养工厂、文化工厂、生态工厂特征，还算不上是一个概念或理念，更不能算体系。SCIENCE 的英文意思是科学，未来城镇污水处理厂也需要讲科学。

　　现代城镇污水处理厂重点目标普遍是减污，达标排放。未来城镇污水处理厂的首要任务可能还是达标排放，这是考核指标；接下来应该是降碳，这可能不久会成为考核指标；增效是贯穿污水治理发展的长期目标。

　　SCIENCE 厂的前三项 SCI（物质工厂、降碳工厂、智能工厂）可能会成为未来城镇污水处理厂的基本配置。规划设计运行，都需要水质水量分析清楚，也就是污水到底有什么物质，根据实际确定污染物质、可资源利用物质的去向，污水的物质属性也是降碳、智能、能源、营养、文化、生态的根基；未来不得不开展碳排放核算，对照社会行业标杆，如何实现降碳；AI 的发展，可能要求城镇污水处理厂不能落后于社会整体智能水平。SCIENCE 厂的后四项 ENCE（能源工厂、营养工厂、文化工厂、生态工厂）是未来持续增效的发展方向。

　　SCIENCE 厂的实施需要系统的整体解决方案，多部门的协同，跨行业的融合，具有复杂性，需要因地制宜。但无论如何，思考 SCIENCE 厂的七个要素对未来污水处理厂的发展可能有益。

参考文献

[1]　曲久辉，王凯军，王洪臣，等．建设面向未来的中国污水处理概念厂．中国环境报，2014-01-07.

[2]　Hao X, Li J, Wu Y, et al. Blue Water Factories in China：the future of wastewater treatment[J]. The Source, 2023, 2023, 7：19-21.

[3]　孙东晓，董志强，刘学明，等．污泥基生物炭的制备技术及环境应用与研究热点[J]. 净水技术，2021, 40(8)：16-25.

[4]　Singh S, Kumar V, Dhanjal D, et al. A sustainable paradigm of sewage sludge biochar: Valorization, opportunities, challenges and future prospects[J]. Journal of Cleaner Production, 2020(28)：122259.

[5]　中国城镇供水排水协会编．城镇水务系统碳核算与减排路径技术指南[M]. 北京：中国建筑工业出版社，2022.

[6]　中国环境保护产业协会．污水处理厂低碳运行评价技术规范：T/CAEPI-2022[S]. 2022.

[7]　Beckinghausen A, Odlare M, Thorin E, et al. From removal to recovery：An evaluation of nitrogen recovery techniques from wastewater[J]. Applied Energy, 2020, 263, 114616.

[8]　Zhang X, Tian J, Jiang Y, et al. Direct ammonium recovery from the permeate of a pilot-scale anaerobic MBR by biochar to advance low-carbon municipal wastewater reclamation and urban agriculture[J]. Science of The Total Environment, 2023, 877, 162872.

[9]　李军．水质控制生态工程[M]. 北京，化学工业出版社，2018.